李娟——著

能控制情绪的人，

方能控制人生

吉林出版集团股份有限公司

图书在版编目（CIP）数据

　　能控制情绪的人，方能控制人生／李娟著.—长春：
吉林出版集团股份有限公司，2017.11
　　ISBN 978-7-5581-4644-2
　　Ⅰ.①能…　Ⅱ.①李…　Ⅲ.①情绪－自我控制－通俗
读物　Ⅳ.①B842.6-49

　　　中国版本图书馆CIP数据核字（2018）第099129号

能控制情绪的人，方能控制人生

著　者	李　娟	
责任编辑	王　平　史俊南	
特约编辑	李婷婷	
封面设计	象上品牌设计	
开　本	880mm×1230mm　1/32	
字　数	130千字	
印　张	7	
版　次	2018年6月第1版	
印　次	2018年6月第1次印刷	

出　版	吉林出版集团股份有限公司	
电　话	总编办：010-63109269	
	发行部：010-81282844	
印　刷	北京京丰印刷厂	

ISBN 978-7-5581-4644-2　　　　　　　　　　定价：46.00元

能控制情绪的人，方能控制人生

目 录

第一章

放宽
自己的心

第三章

放下包袱，
一身轻松

第四章

难得糊涂是一种
更高的生活境界

第五章

退后一步，
海阔天空

第六章

**快乐与否，
自己决定**

第一章

放宽
自己的心

让一分为高，宽一分是福

在这个纷繁的世界，世事变化无常，我们要走的人生路是崎岖不平的，不顺心的事也会无时无刻在我们身边。当你遇到困难或是觉得自己处在进退两难的位置，也不要忘了让一分，宽一分的处世之道。即使你现在事业有成、生活如意，目前没有什么阻碍，也不要目中无人，事事不饶人，而要始终保持让人的胸襟和美德。

智者能容。越是睿智的人，越会胸怀宽广。事实告诉我们，"为人处世让一分为高，宽一分是福。"

秦朝末年，由于两代皇帝的暴政，当时农民起义风起云涌，造就了许多英雄人物，韩信就是当时一位著名的军事统帅。

他出身穷苦人家，从小就失去了父母。年轻的时候，他既不会经商，也不愿意在地里干活，家里本来就没什么财产，过着贫困而受歧视的生活，经常吃不饱穿不暖。

被生活所迫，韩信只有去淮水钓鱼。一位洗衣服的老妇人见他没吃的，就把自己的饭菜分一半给他，连着好多天，老妇人都会分他饭吃。韩信很是感动，对老妇人说："将来我一定要好好报答你。"老妇人生气地说："你堂堂七尺男儿，养活不起自己，我是可怜你才给你饭吃，没指望你以后会报答我。"韩信很惭愧，立志将来要做一番大事。

当时在韩信的家乡淮阴城，一些人看不起韩信。有一次，一位年轻人看到韩信身材高大却佩带宝剑，就有些鄙视他，以为他是胆小怕事，带宝剑是为了给自己壮胆，便在热闹的集市挡住韩信的去路，说："你要是有胆量，就拔出剑刺我，显示你的勇气；如果觉得自己是懦夫，就乖乖从我的裤裆下钻过去。"

看热闹的人都知道这是故意羞辱韩信，大家猜测着：韩信会怎么办？韩信想了好一会儿，以他当时的处境，别说和人打架，就是不小心得罪了这些人，都会落得无家可归。于是他什么都没说，趴在地上从那人的裤裆下钻了过去。围着看热闹的人都哈哈大笑，觉得韩信胆小怕死、没有勇气，是个懦夫。其实他很想拔剑，痛痛快快地打一架，证明自己不是懦夫。但想到打架以后对自己没有好处，最后还是退了一步。

其实韩信很有远见。当时正处于改朝换代的乱世，他看到了这一点，就专心研究兵法，苦练武艺，相信只要有机会，自己就有出头之日。

公元前209年，反对秦朝残暴统治的农民起义在各地爆发，韩信加入了一支实力较强的军队，军队的首领就是刘邦。后来韩信做了大将军，在刘邦打天下的过程中，南征北战，立下了赫赫战功。

试想，如果当年韩信被人羞辱，不忍受屈辱，与他们动武，快意恩仇，很有可能被杀害或是送进牢房，那就不可能有后来的封侯拜将了。

宋代高僧慈受禅师有一首《退步》的诗："万事无如退步人，摩头至踵自观身，只因吹灭心头火，不见从前肚里嗔。"诗的意思是：当受到别人的伤害或吃亏的时候，不能当下就发火或马上报复，而是要反过来想想我们自己，想想为什么事情会到这个地步，是不是自己做错了什么。如果生气，后果会是什么样，如果心平气和又会怎么样。考虑后，孰是孰非就很清楚了，怒火也就很自然地消退了，矛盾就不再尖锐。

一旦能够冷静地面对现实和冲突，凡事让一分，宽一分，就能轻松地找出化解矛盾的办法，一场即将发生的争吵或冲突，就可以大事化小，小事化无。与人为善，你让别人一分，他们自然也会让你一点，因此说，让人的同时也是让自己。

有一位著名的专栏作家，有一天刚打开电视，就发现一位记者朋友正在谈论她。说某个爱猫，做专栏又主持节目的女作家对出版社的编辑很不友好，当编辑怀孕时还对其指手画脚，而且这个作家的作品也不完全是自己创作的，有相当多的部分是别人替她写的……看着电视上的节目，听着对自己的诋毁，她气得浑身发抖。

过了一会儿，她觉得快控制不住自己的愤怒了，愤怒像洪水一样向她袭来，狠狠地撞击着她心里脆弱的地方。她原以为自己并不在乎别人怎么说，她抵抗诽谤的心理防线很牢固，但没想到，自己还有脆弱的地方，愤怒的震撼并不像她想的那样。她越想越生气，她觉得自己非要发泄出来才能好受些。因为一直以来她就不是一个忍气吞声的人，她想马上给那个记者朋友打电话，她必须把一切解释清楚。就在她拿起电话的一瞬间，她犹豫了，在心里告诉自己，先别冲动。

她想起以前她认识的人也有一些自认为个性正直的，受到诬陷后，为了证明自己是清白的，使用的手段多数都很极端，更有甚者干脆就来个翻脸不认人，到最后大家相互诋毁，对谁都是伤害。于是她决定先忍几天，下次碰上那位朋友再解释清楚。过了些天，她们果然见面了，这时她觉得自己很平静了，就对那位记者朋友说："我知道你那天在电视上说的是我，可是你也知道，我不是那样的……"

　　那位朋友反应过来以后急忙向她道歉："我很抱歉，那是很久以前的节目了，当时我并不认识你，那些都是听别人说的……没想到现在又重播了。我以为你早就知道了，所以就没有事先告诉你……"

　　听完朋友的解释，她的担心与愤怒顿时烟消云散了。毕竟，不知者无罪嘛。

　　可以说，生活中许多的碰撞，都是因为相互之间不肯退让而造成的。其实，人与人之间的矛盾，大部分都是无关紧要的，并不是没法解决的，有时候其实就是一些细小的地方罢了。所以，不要总是盯着别人的不好，要多想想他们曾经的好，这样在与人相处时，就能够看到对方让自己喜欢的一面，而那些小小的不如意，就会逐渐淡忘了。

　　我们通常所说的让一分，宽一分，是指对人要有接纳的胸怀，如同大海那样宽阔，可以容纳大大小小的支流，不计前嫌，用宽阔的胸怀来包容一切。让一分为高，宽一分是福。只有懂得让之道的人，才会有不凡的气度和成熟的思想。让不是胆怯，不是懦弱，更不是无能，而是一种坦然和释怀。

抛弃斤斤计较的心理包袱

"海纳百川，有容乃大。"为人处世要豁达大度、胸怀宽阔，这是一个人有修养的表现。

有容乃大，宽广的胸怀可以使人目光高远，不拘泥琐碎。学会宽容，也就等于为自己扔掉了许多包袱，在前进的途中，就会身心愉悦。人与人之间的相处，不能老是算计，斤斤计较，要用一种宽容忍让的生活习惯去消除彼此之间的隔阂。一个心胸狭小的人，看问题总是会显得自私，这种人怎么能容忍别人？宽容豁达就要有点豪气，人要是每天被名利缠得很牢，得失算得很清楚，那就没办法做到宽容豁达。

1754年，身为上校的华盛顿率领部队驻守亚历山大市，当时正赶上弗吉尼亚州议会选举议员，有一个名叫威廉·佩恩的议员反对华盛顿成为候选人。

有一次，华盛顿和佩恩因为一个选举的问题展开互不相让的争论，其间，华盛顿不小心失口，说了几句带有侮辱性的话。脾气暴躁、身材矮小的佩恩怒不可遏，拿起手杖把华盛顿打倒在地。

华盛顿的部下听到此事赶了过来，要为他们的长官理论，华盛顿却阻止并说服部下，让他们先退回营地，表示他自己能够处理此事。第二天上午，华盛顿委托别人带给佩恩一张便条，约他到附近一家酒店见面。佩恩很自然地想到华盛顿肯定是要求他进行道歉，可能还会向他提出决斗。

到了酒店，一切却出乎佩恩所料——放在他们面前的不是手枪，而是盛满酒的酒杯。见他进来，华盛顿站起身来，笑容可掬，并伸出手来迎接他。"佩恩先生，"华盛顿说，"人都有犯错误的时候，昨天确实是我的过错。你已采取行动挽回了面子。如果你觉得已经足够，那么就请握住我的手，让我们做个朋友吧！"

此事就以皆大欢喜的结果了结了。从那以后，佩恩就成了华盛顿万千的崇拜者和坚定的支持者之一。

中国有句古话，"量小非君子"。一个人的气量大小，可以从根本上体现一个人的品质优劣。气量大点，可以得到更多人的喜欢。一个人的胸怀可以容下多少人，就能赢得多少人的喜欢和尊敬。

"忍人之所不能忍，方能为人所不能为。"如果我们太过于计较，整天患得患失，那我们肯定会失去很多幸福。当我们不小心和别人发生不愉快时，不妨尝试换一个角度来看问题，不愉快的事情可能会使我们受到伤害，经过我们的正确处理，也可能碰出美丽的火花。因此，不妨对鸡毛蒜皮的琐事付诸一笑，你会变得轻松愉快。抛弃了斤斤计较的心理包袱，我们会在事业上走得更远。

艾森豪威尔出生在一个贫穷的家庭，父亲工作很辛苦，收入却少得可怜。全家都靠着父亲那有限的收入过日子。

尽管日子过得十分拮据，但父母宁愿自己受苦受累也要坚持让孩子们去读书。父母对他们的学习要求很严，特别嘱咐他们要遵守学校里的规矩，不要惹事。

有一天，父亲拖着疲惫不堪的身体一进门，就看见艾森豪威尔的衣服被撕破了，满身是伤，正被他母亲责备。父亲知道艾森豪威尔一定是又犯错了，于是过去问到底发生什么事了。

艾森豪威尔向父亲讲述了事情的经过。原来，今天母亲给他的学费钱在半路上被一个小偷偷走了，他及时发现了，就追了上去，狠狠地教训了小偷一顿，身上的伤就是和小偷打斗时留下的。父亲很担心他受伤，艾森豪威尔说没什么大事。

随后父亲说："既然钱没丢，就算了，人要宽容一些，对别人宽容的同时也是在宽容自己。要是你拿了钱就走，就不会受伤了。"艾森豪威尔不赞同父亲的看法，他说："我们不能纵容坏人犯错，做人要勇敢，这是您经常对我们说的。"父亲也没有反驳他，而是讲了个他自己的故事。

艾森豪威尔的父亲结婚时，得到了长辈赠送的一个农场，但是父亲不喜欢种地，于是将地变卖，将卖得的钱同一个朋友合伙做生意。那年发生了饥荒，善良的父亲将自己店里的商品都赊给了灾民。与父亲合伙的人知道这样下去商店肯定会倒闭，就带上剩余的现金走了。父亲绝望了，欠批发商的债得父亲自己还，父亲恨透了那个朋友，想狠狠地揍他一顿，然后把他送进监狱，因为这件事把全家都害苦了。

这么多年过去了，此事也慢慢淡忘了。后来，债务慢慢地还清了，因此父亲也不再憎恨那个朋友。心里没有了恨，日子就过得轻松了。

父亲说："人和人之间相处，没有必要事事都跟别人斤斤计较，要有一颗宽容之心。"父亲的话一直留在艾森豪威尔的心里。

当艾森豪威尔退役后，担任哥伦比亚大学校长时，他也经常对他的学生们说，人要学会宽容，不能总是斤斤计较。

人的一生就是由数不清的小事组成的，为这些鸡毛蒜皮的小事去伤脑筋，浪费时间，实在是不值。所以，请不要再在小事上耗费精力，浪费时间。我们要用开阔的胸怀，忽略或是忘却许多不愉快的经历。不要为了一些微不足道的小事失去理智，要宽以待人，学会包容他人，这样就能让自己过得更轻松。

打开心灵的窗户，一扫心中阴霾

生活中遇到的烦恼，多得就像沉淀到水底的污渍和泥沙。可以说，任何人都不希望烦恼找上自己，可它却总是喜欢不请自来，难以避免。你越是讨厌它，想把它赶走，它就会把你粘得更牢。因为在你的心里，始终没有把它放下，事实上是你一直在拽着它，最后它会把你的生活搅得一团糟。如果你敞开心扉接受它，那就是放开了它，它自会随着时间的流逝离你而去。

一切烦恼都生在我们心中，所有喜悦的源头也在心中。面对同样的人、事、环境，你是选择烦恼还是选择开心，都由你自己决定——只要你能敞开心怀，坦然地面对一切，就会一扫心中阴霾，赶走烦恼，得到喜悦和轻松。

我们常说，境由心生。意思是说，所面对的人和事，生活在什么样的环境，都是自己的心所吸引而造成的。吸引什么，就会遇见什么。所以，要想改变所处的环境，首先要改变的就是内心世界。

　　连续下了几天的倾盆大雨，好像还没有停止的迹象。一个人觉得老天真是讨厌，于是就站在院子中央，指着天空破口大骂："你这没长眼睛、糊涂的老天，下起雨来没完没了，你没看见大雨把我害得有多惨：房子不停地漏雨，衣服也都湿了，粮食被水泡了，柴火都湿了。把我害这么惨对你有什么好处？你到底要下到什么时候？"

　　这时，路过的风对他说："你骂得这么带劲，也不顾自己被雨淋湿了，老天一定被你气坏了，以后肯定不会随便下雨了。"

　　"哼，它要是真能听到就好了。"骂天者气呼呼地回答。

　　听他这么一说，爱打抱不平的风觉得有些过分了，回头对老天说："你没听见下面有人在骂你吗？你下雨是为了救活干渴的庄稼，世人却因自己的私利受到损害而怨恨你，真是岂有此理！"

　　这时，只听空中传来一声沉闷的声音，老天说："我不可能满足世上所有的人，住在热带的人整天骂我太热，烤得他们受不了；住在寒带的人骂我吝啬，给予他们的阳光少得可怜。住在温带的人倒是一年四季都享有了阳光，但他们还是骂我春天风沙不断，秋天阴雨连绵。对我来说，是非终日有，我早就无所谓了，只要一心一意尽好自己的职责就是了。"

风听完后很有感触，它告诉骂天者："老天这样做是有自己的道理的，你这样大骂简直就是白费力气。"

骂天者一听既然如此，觉得也没必要在这儿费力不讨好了，还是到别处借些柴火，生火烘干衣服吧。

生活中不称心的事随时都有，敞开心怀，打开自己的一扇心窗，拥有像天空这样宽阔的胸怀，生活自然就会多些快乐，少些烦恼。面对不如意的事，如果只是抱怨，状况不但不会好转，还会使自己身心疲惫。

用伤害再去对付伤害，伤害纠缠在一起就成了一个死结，越缠越大。有句话说得很好，冤家宜解不宜结，各自回头看后头。敞开心怀，学会宽容，就会轻松、快乐。宽容是一只灵巧的手，可以很容易地解开伤害这个死结。所以，敞开心怀吧，心宽才有地广，才会有好景致与你一路相随。

乔治和吉姆是邻居，生活在一个小镇，但他们却不是什么好邻居。虽然谁都说不清是什么原因让两家的关系这么糟糕，但有一点是肯定的：他们彼此不和睦。如果非要说个理由，那就是他们不喜欢对方，但是都不清楚为什么不喜欢。

两家发生口角就像家常便饭。虽然夏天在后院开除草机除草时车轮经常会碰在一起，但这个时候，双方连个招呼都不会打。

有一年夏天，乔治和妻子外出度假去了。开始时，吉姆和妻子并没发现他们不在家。因为他们彼此也没必要注意，除了时不时地争吵，他们相互间没什么可说的。

但是有一天傍晚，吉姆除完自家院子的草，休息的时候，发现乔治家的草长得很高了。尤其是自家草坪刚刚除过，所以邻居家的草看上去特别显眼。

过往的人一眼就看出乔治和妻子不在家，而且离开的时间不短了。吉姆想，这不等于公开邀请小偷过来吗，而后，一个想法像闪电一样攫住了他。

"每次我看到那高高的草坪，就开始犹豫，我真不愿意去帮助我不喜欢的人。"吉姆说，"尽管我努力从脑子里抹去帮他们除草的想法，但应该帮忙的想法却挥之不去。于是第二天，我就把邻居家长疯了的草除好了。

"几天之后，乔治和多拉旅游回来。他们回来没多长时间，我就见乔治在街上走来走去。他在这条街每个房子前都停留过。

"最后他敲了我家的门，我打开门，他站在门外盯着我，脸上露出不解的表情。

"过了好一会儿，他才开口说话：'吉姆，是你帮我除的草？'这是我印象里他第一次叫我吉姆。'我问了附近所有的人，他们都说不是自己。杰克说是你，是真的吗？'他的语气有点责备。

"没错，乔治，是我除的。我带挑战性地回答，我以为他会对我大发雷霆。

"可他犹豫了一下，像是在想该说什么。最后他用低得不能再低的声音嘟囔着说了声谢谢，说完马上走开了。"

两家就这样打破了沉默。虽然他们的关系没有发展到坐在一起开心地聊天，他们的妻子也没有相约去逛街，但他们的关系确实改善了。当再一次一起除草的时候，他们相互间有了笑容，也开始问候"你好"。

可见，只要敞开心怀，一切就会有所改变，不管是朋友之间，还是同事、邻居之间。大家彼此之间并没有深仇大恨，有时横在我们之间的只是小小的心结。需要我们做的，就是打开心灵的窗户，一扫心中的阴霾，这样快乐就会随之而来。

人应该有宽广的胸怀，待人处事之时切勿心胸狭窄，而应宽宏大量，宽恕待人。敞开心怀，去拥抱现在拥有的和将要得到的，生活中的每时每刻就会像顺流而下的溪水，悠然地淌过心田。一扫心中的阴霾，心里就会坦荡宁静，如沐春风。

宽恕别人的过错，就是找回自己的快乐

能够宽恕别人，就是善待自己。要知道，仇恨只会把我们的心灵永远禁锢在黑暗中，而宽恕却能让我们的心灵重获自由。宽恕别人，可以让生活变得更轻松愉快。宽恕别人，可以让我们拥有更多的朋友。宽恕别人，就是让自己得到解放，还心灵一份自在。

试想，倘若全世界都把"以眼还眼、以牙还牙"的报复方式作为生活准则，那么周围的人恐怕都要变成仇人了。我们要宽恕别人，不论他有多么坏，就算曾经受过他的伤害，也一定要放下。只有这样，才能得到真正的快乐，使自己轻松。

一天中午，埃德蒙先生刚进厅门，就听见楼上传来轻微的响声，是他熟悉不过的响声——阿马提小提琴的声音。"有小偷！"埃德蒙先生冲上楼。果然，一个13岁左右的少年正在那里

抚摩小提琴。

他脸庞瘦削，衣服破烂，不合身的外套里面鼓鼓的。埃德蒙先生用他结实的身体挡在了门口。少年发现了他，眼里充满了惶恐、胆怯，这种眼神让埃德蒙感觉非常熟悉。一瞬间，埃德蒙想起了往事……他没有生气，脸上满是微笑，亲切地问道："你是丹尼尔先生的外甥琼吗？我是他的管家。前几天，他说你要来，没想到你来得挺快的！"

那少年先愣了一下，但很快就说："我舅舅出门了吗？我想先出去随便看看，一会儿再回来。"埃德蒙先生点点头。少年放下小提琴，刚要走，埃德蒙又问道："你也喜欢拉小提琴吗？"

"是的，但拉得不怎么好。"少年回答。

"那为什么不拿这把琴去练习，我想你舅舅一定很高兴听到你的琴声。"他笑着说。少年犹豫了一下，还是拿起了小提琴。

出门时，少年突然看见埃德蒙先生在歌德大剧院演出的巨幅照片，浑身抖了一下，头也不回地跑远了。

埃德蒙明白那位少年已经知道是怎么回事了——主人不会用管家的照片来装饰客厅。

黄昏时，太太发现小提琴不见了，就问道："亲爱的，你心爱的小提琴坏了吗？"

"哦，没有，我把它送人了。"

"送人？不可能！它可是你生命中不可缺少的一部分。"埃德蒙太太并不相信。

"你说得没错，那把小提琴对我很重要。不过，如果它可以拯救一个迷途的灵魂，我愿意把它送人。"他就把事情的经过告诉了妻子。

三年后，在一次音乐比赛中，埃德蒙被邀请担任决赛评委。最后，一位叫里特的小提琴选手夺得了第一名。看着这个孩子，他觉得似曾相识，一下子又想不起来。

颁奖结束后，里特拿着一只小提琴匣子来到埃德蒙面前，不好意思地问："埃德蒙先生，您还认识我吗？"埃德蒙摇摇头。

"您曾经送过我一把小提琴，我一直珍藏着，直到今天。"里特哭着说："那时候，每个人都看不起我，我也觉得自己没什么希望了，是您让我在苦难中重新拾起了自尊，下定决心要改变逆境。现在，我可以无愧地将小提琴还给您了……"

三年前的一幕重现在埃德蒙的眼前，原来里特就是"丹尼尔先生的外甥琼"！埃德蒙的眼睛湿润了，少年没有让他失望。

宽恕是一座让我们远离痛苦、愤怒和伤害的桥。在桥的另一边，喜悦和平静在等着我们。

宽恕别人，就是去寻找伤害你的人好的一面，发现他闪光的地方，那样，感情就会发生微妙的变化，就会觉得这个人也并不是那么讨厌。但是有些时候，人们总是对别人的过错念念不忘，目的是为了防止自己再次受到伤害。如果一直将过去的不愉快堆积，那就很难走出阴影，久而久之，人就始终在不愉快中度过。一旦宽恕别人，放下那些不愉快的往事，得饶人处且饶人，生活就会焕发新的光彩，我们就会一身轻松。如果不能原谅他人的过错，一直怀恨在心，内心就会被怨恨占据，最后受伤害的还是我们自己。

有两个人毕业于同一所戏剧学院，毕业后又一起进入演艺圈，两个人都相当有才气，在上学的时候就已经出类拔萃了。两人虽然一直比较要好，但也因为都很好强，而暗中较量。两人专业不同，一位是导演系的，一位是表演系的，入行以后，一位是导演，一位是演员。

经过各自的努力，他们在工作上表现得都很出色，都拥有了自己的一片天地。有一次，有部电影需要他们合作。考虑到两人以前是要好的同学，而且彼此又很了解，合作起来应该会很轻松，所以两人答应一起合作。

这个导演要求演员一直比较严格，因此在拍戏的过程中，连自己的老同学也会毫不留情面地加以指责。而这位做演员的老同学也很有个性，对很多事情都有自己的看法，所以拍戏过程中火药味总是很浓。

有一天，几个镜头一直拍不好，导演总是不满意，忍不住对自己的老同学大发脾气，说："我从来没见过你这么差的演员！"演员一听，当时就愣住了，随后转身回到休息室，别人怎么说都不出来继续拍戏。

大家都劝导演，于是他很不自在地走到休息室，对老同学说："你也知道，人在生气时，往往会口不择言，一旦冷静下来想了想……"

演员一听，他是来道歉的，就把头抬得高高的。一见他那副模样，导演到嘴边的话又咽下去了，过了一阵才突然说了一句："我想了想……还是觉得你是个很差的演员！"

此话一出，后果可想而知，演员不再参演这部电影，两人也就绝交了。

直到演员得了重病，临死前他想见导演一面。导演得知后赶忙来到医院，在演员永远闭上眼睛之前，泪流满面地说："我发誓，你是我这辈子所见过的最好的演员！"演员注视着老同学，含笑而逝。二人多年的结怨，终于冰释，只是太晚了。

仇恨让人变得愤懑、狭隘，只有放下仇恨，才能坦荡、从容。丢弃心中的仇恨，是宽恕别人，也是放过自己。放下了怨恨，人才会变得平和、轻松，才能从内心深处散发出一种恬淡和从容。

宽恕就像清澈的流水，能洗净内心的污浊，让心灵更加透彻。在充满仇恨的日子里，最不幸的不是你憎恨的那个人，而是你本身。心中有恨的人，永远不如心中有爱的人快乐。宽恕别人的过错，就是找回自己的快乐。

要施恩给那些故意与你为难的人

在大千世界里，每个人都难免会有与人发生碰撞的时候。此时，是针锋相对，还是微微一笑，点头而过呢？哲学家说过，堵住痛苦回忆的激流的唯一方法就是原谅。两个人越是对手，就越会有许多相似的地方，只是大家追求的不同，各为其主，身不由己。如果不是为了各自的立场，也许对手之间完全可以成为朋友。

美国第十六任总统亚伯拉罕·林肯出身于鞋匠家庭。当时的美国社会非常注重出身。在竞选总统之前，有一次他在参议院演讲，遭到一位参议员的羞辱："林肯先生，在你开始演讲之前，我希望你记住，你是一个鞋匠的儿子。"

这位参议员就是要打击林肯的自尊心，让他退出此次竞选。这时，参议院陷入了沉默，所有的人都看着林肯。

林肯从容地说："非常感谢你让我想起我的父亲，他已经过世了。但我会永远记住你的忠告，我知道我做总统无法像我父亲那样，他是一位很好的鞋匠。"

顿时，参议院响起热烈的掌声。

林肯回过头，对那个无礼的参议员说："据我所知，我父亲以前也为你的家人做过鞋子，如果你觉得鞋子不合脚，我可以帮你修正它。虽然我不是一个伟大的鞋匠，但我从小就跟着父亲，我也懂点做鞋子的技术。"

然后，他又对所有的参议员说："对参议院的任何人都一样，如果你们脚上的那双鞋是我父亲做的，而它们需要修理，我一定会帮忙。但是，有一件事是肯定的，我无法像我父亲那样伟大，因为他的手艺是无人能及的。"

说到这里，他流下了眼泪，所有的嘲笑都化为真诚的掌声。

有人批评林肯对政敌的态度，觉得应当打击他们，消灭他们。林肯却说："难道我不是在消灭政敌吗？当我使他们成为我的朋友时，政敌就不存在了。"

的确如此，如果一心只想着报复，只会让对立的情绪更深，怨恨会越积越多。退一步讲，就算在报复中一方占了上风，过些日子，恐怕也会为一时的鲁莽而悔恨，而化敌为友是制止报复的明智办法。

　　世界千变万化，丰富多彩，每个人都需要宽容，也都需要朋友。宽容了一个人，就多了一座可供沟通的桥梁；多一个朋友，就会在人生的旅途上多条路。

　　有一位卖砖的商人叫卡尔。有一段时间，他的经营陷入了困境之中，而这一切都是他的竞争对手造成的。对手在卡尔的经销区域内时不时地走访建筑师与承包商，还对他们说：卡尔的公司信誉低，不可靠，他生产的砖块质量不合格，公司也面临倒闭。

　　开始时，卡尔并不认为对手的谣言会严重伤害到自己的生意，但是后来他的生意遭受了很大的损失，这件麻烦事使他心中生出了无名之火，真想发泄一下——"用一块砖头敲碎对手那可恨肥胖的脑袋"。

　　某个星期天的早晨，卡尔去听一位牧师讲道，讲道的主题是：要施恩给那些故意与你为难的人。卡尔认真听讲，还把牧师说的每句话都记下来。结束后，卡尔去找牧师并告诉他，就在上个星期五，他的一位竞争者让他丢掉了一份25万块砖的大订单。听完他的诉说，牧师教他要以德报怨、化敌为友，还举了很多例子来证明自己的说法。

　　当天下午，卡尔在办公室安排下周的日程表，发现有一位住在弗吉尼亚的顾客正为新盖办公大楼的一批砖而发愁。因为这幢楼的工程很大，但是客户需要的砖却不是卡尔他们公司制造供应的那种型号。仔细看了客户的订单后，卡尔发现这批砖和竞争对手的产品很相似。而此时，卡尔确信那位到处给自己造谣的竞争者完全不知道有这笔生意。

这使卡尔开始犯难。要是听从牧师的忠告，他觉得自己应该告诉对手这笔生意，同时祝他好运。但是，如果从自己的本意出发，他希望对手永远都得不到这笔生意。

经过激烈的思想斗争后。牧师的忠告一直出现在他的脑海，并且占了上风。最后，也许是因为很想证实牧师的看法是错误的，卡尔拿起电话给竞争者打电话。

知道是卡尔以后，那位对手难堪得不知道说什么才好。卡尔就很有礼貌地直接说，打电话是为了告诉他有关弗吉尼亚的那笔生意的事，希望他能够谈成这笔生意。

当时，那位对手结结巴巴地说不出话来，但是卡尔明显感觉到，对手很感激他的帮忙。卡尔又答应打电话给那位住在弗吉尼亚的客户，并且推荐对手来承揽这笔订单。

这件事情过后，卡尔得到了意想不到的收获。对手不但不再到处散布谣言，甚至还把他无法处理的一些订单转给卡尔来做。现在，不仅二人之间的矛盾得到了化解，卡尔也感觉比以前更愉快，更有成就感。

的确，只知道报复，只会让矛盾更深；用爱去化解彼此之间的矛盾，矛盾会自己消失。以德报怨，化敌为友是避免别人再次伤害自己的上策，这样，你就很容易把对手变成朋友，也能让自己的发展道路更宽广。

在日常生活和工作中，要想和别人化敌为友，首先要承认自己的不对之处。不要总害怕承认自己的不对，以为这样别人就会看不起自己。其实，真正有能力的人是勇于承认自己的不对之处的。即使你的对手表达的意思与你不同，但是，对方提出的正确看法，你也应该乐于接受。当然，这并不意味着你要举手投降。你应该考虑的是对方所说的话中包含的信息，而不是说话的人。而且，承认自己错了，常常能够带来让对方闭嘴的好处。

还有一点就是让你的对手知道你非常需要他，它能在很大程度上激发对方的积极性。这样做其实是利用一种接纳，来抬高对方的自尊，对方一高兴，就可以避免把问题激化，尽可能减少或消除将来的敌对怨恨。

为自己开一扇心窗

在日常生活中，原谅别人的同时也要懂得原谅自己，对自己宽心。原谅自己不能成就一番事业，不能出人头地，原谅自己不是满腹经纶……不要紧紧抓住自己的过错、缺点不放，一味地苛求自己，这样反而会使自己丧失自信和勇气，丢掉许多快乐。我们要学会给自己减轻包袱，使自己轻松起来。

遇到对自己不友好的人或事，可以偶尔自我安慰、自我解嘲一下，告诉自己顺其自然吧，没必要太计较了，该忘记的就忘记，能不计较的就不去计较，学会对自己宽心，原谅了别人，自己也会一身轻松。

有一个人在拥挤的车流中开着车缓缓前进。当他等红灯的时候，一个衣衫褴褛的小男孩敲着车窗问："先生，要不要买花，你看多漂亮的花，买一朵吧。"这人心想，反正也没事儿，不如买一朵吧。

他刚刚递出去五块钱，绿灯就亮了，后面的车猛按喇叭催促。可是，那个小男孩还在问他喜欢什么颜色的花。于是，他非常粗暴地对男孩吼道："什么颜色都可以，你只要快一点就行了！"男孩很快地选了一束花送过来，并且十分有礼貌地说："谢谢您，先生。"

又开出一小段路后，那人有些良心不安了：自己的态度这样粗暴无礼，可对方却只是个孩子，而且还是那样有礼貌……于是，他把车靠到路边停下来，下车走回男孩身边，道了歉，并又掏出五块钱，让男孩自己也选一束花送给喜欢的人。男孩笑了笑，再次道谢后接过了钞票。

可是，当那人再回去发动汽车时，却发现车子出了故障，动不了了。一通忙乱之后，他只好决定步行去找拖车帮忙。谁知就在这时，一辆拖车戛然停在了他的车前。那人惊喜万分。拖车司机笑着走过来对他说："先生，需要帮忙吗？有个小男孩给了我十块钱，请我过来看看。对了，他还写了一张纸条。"那人接过纸条打开一看，上面只写着一句话："这代表一束花。"

司机开始时对小男孩的态度的确有点恶劣，当他意识到这一点并回去向小男孩道歉的时候，小男孩却一点都没有生气，还微笑着对他说谢谢，甚至后来还用他的钱去帮助他。或许对于这位先生来说，这件事情给他上了一堂人生中比较重要的教育课：无论自己是什么心情，身处什么环境，都要学会善待别人。同时，这个卖花男孩的身上还有着更为重要的一个品质，那就是宽容。

对待他人的批评、反感，甚至是没有理由的侮辱和谩骂的时候，都要时时保持着一颗平和的心去宽容对待。这种宽容不单单是对别人的原谅，也是对自己的宽容。

有时候，人们总是对一些不愉快的事情记得很深，甚至会终身不忘。但是要知道，记忆中的怨恨会越积越深，随时随地都有可能反作用于自己。而自己生气、怨恨，别人却是毫不知情，所以，还是应该对自己宽心，这样才不会受累。

很久前，苏州瘟疫横行，死人不计其数，名医薛雪和叶天士更是忙得不可开交。

一天，一个全身浮肿、皮肤已呈黄白色的人找薛雪看病。诊断后，薛雪认为他已无法医治。

病人伤心地离开了，出门正巧碰上叶天士。叶天士为他诊视一遍后，发现此病是由于长期使用一种有毒的驱蚊的野草所致，于是，便给他开了一服解毒药。不久，病人痊愈后敲锣打鼓地来向叶天士谢恩。

薛雪知道此事以后，觉得叶天士是借这件事有意抬高自己，给自己下马威，一气之下，将自己的住宅起名为"扫叶庄"。叶天士闻讯后，也不甘示弱，把自己的书房更名为"踏雪斋"。

两人原本是同住在一条街上的好朋友，名声也不相上下。这下，两位好友从此断交，不仅别人替他们惋惜，他们自己也感觉生活像缺少了什么，很是郁闷。

多年之后，叶天士80多岁的母亲得了心脏病，按病情应服"白虎汤"，但他担心药力太猛，母亲年老体弱经受不起，结果母亲的病情总不见好转。别人劝他是否要问问薛雪，叶天士断然拒绝："以我和他的恩怨，他如何肯帮忙？"

谁知，当叶天士派人来询问时，薛雪说："医者，贵在救人也，岂可以计私怨乎？此病非用白虎汤不可。只有这药能对症下药，其他药恐无济于事。"叶天士听到后，虚心采纳了这个意见。服药后，母亲的病果然好了。

后来，叶天士登门致谢，于是二人重又结为好友，彼此都感觉心里像搬开大石头一样轻松，苏州医药行的人士也前来祝贺。

人与人之间的关系有时是很微妙的，僵局的打破往往只需要一个动作或是一句话而已。可是，多数情况下大家都很好面子，迈出第一步总是觉得很难。其实大可不必这样，人生在世不过短短几十年，何必纠缠于这种小事，把自己宝贵的生命耗费在无谓的赌气之中呢？对自己宽心，先原谅别人，用自己的诚恳去感动别人，就可以打破僵局，重新获得友谊，彼此都可以得到轻松。

现代社会，火气大的人是越来越多，谁都不愿意受气，委屈自己，为了一点小事，就能引发一次搏斗，最后是两败俱伤。其实，人有时候需要有点阿Q精神，就是自我安慰一下，什么都无所谓，不去计较。对自己宽心，就能化有气为无气。面对意想不到的琐事，要自己给自己宽心，在安慰中说服自己，就能让宽容和大度的阳光扫去身边的不愉快。如此对待人和事，就会当忍则忍，能让则让，永远都不会生活在痛苦中。

人生总是难免遇上这样那样意想不到的是是非非，为自己开一扇心窗，就是自己安慰自己。要明白，生活就像天空一样，并不是一直纯净透明。万里天空，有风也有雨，有阴也有晴。我们都是凡人，不可能一切都做到非常完美，所以，不要太苛求自己。遇到矛盾时，先原谅别人，对自己宽心，才不会受累。

换位思考，从对方的角度考虑问题

"己所不欲，勿施于人"，意思是，自己不喜欢的东西，不要要求别人接受。当自己要对别人做什么事情之前，先考虑一下这件事自己能接受吗？如果自己都不愿意接受，就不要去对别人做这件事情。这句话是提倡大家通过换位思考的方式，去了解别人的想法和需求，这样就不会因为自己的私欲而损害他人的利益。理解他人，尊重他人，设身处地为他人着想，人与人才能和睦相处。

苏东坡是北宋时期著名的书画家、文学家、词人、诗人，也是唐宋八大家之一。有一天，他和佛印禅师学习坐禅。开始时倒没什么，不一会儿就觉得无聊了，再看看对方，却是坐得稳稳，神情极其平静，一心念经。忽然之间，一个奇怪的想法跃入了苏东坡的脑海，他想知道有什么事情可以激怒大师。于是，苏东坡打破安静，问禅师："我打坐的形状像什么？"禅师回答："像是一尊佛。"随后禅师又反过来问东坡："我打坐像什么？"东坡想要激怒禅师，故意说："一堆牛粪。"可是禅师并没有表现出一丝生气，还是很平静。

苏东坡回家之后，高兴地告诉苏小妹："今天坐禅的时候，我占了禅师的便宜，他看我打坐像是佛，我看他像是牛粪。"小妹听了哈哈大笑说："你才是那个被占便宜的人呢，你自己骂了你自己。心中有佛的人看别人是佛，心中有牛粪的人看别人才是牛粪。"此时，苏东坡才恍然大悟。

由此可见，以己度人的思维方式有时会出笑话，但是正面的"以己度人"则具有积极的意义，也就是"己所不欲，勿施于人"，要通过换位思考去看事情。在工作和生活中，对待他人就像对待自己，自己都不认同的事情也不要勉强他人去接受。

人和人是平等的，我们并不比别人高贵，别人也不比我们卑贱。因此，当你觉得对方该怎么做时，不妨把自己放在别人的角度去考虑问题。如果只是从自己的观点、利益出发，也许会得利，似乎是占了便宜。但是，将来某一天，别人也会抱怨你。

能够换位思考的人，能够从"旁观者"的角度清醒审视一切，从多方面考虑问题，这样，心胸会"豁然开朗"，轻松地找到一片广阔天地。因此，对个人而言，换位思考不仅能够避免

"钻牛角尖"，还能从众多方法中选择到高效的捷径，从而把问题处理得更圆满。

还有一个故事，故事发生在非洲某个国家。那个国家的白人政府实施"种族隔离"政策，不允许黑人进入白人专用的公共场所。白人也不喜欢与黑人来往。

有一天，有个白人在沙滩上日光浴，由于过度疲劳，她睡着了。当她醒来时，太阳已经下山了。此时，她觉得肚子饿，便走进沙滩附近的一家餐馆。

她推门而入，选了张靠窗的椅子坐下。她坐了约15分钟，没有侍者前来招待她。她看着那些招待员都忙着照顾比她来得还迟的顾客，对她则不屑一顾，她顿时怒气满腔，想过去责问那些招待员。

当她站起身来正想向前时，看到了一面大镜子。她看着镜中的自己，眼泪不由夺眶而出。原来，她已被太阳晒黑了。此时，她才真正体会到黑人被白人歧视的滋味。

我们常说，一千个读者眼中便有一千个哈姆雷特。当我们的意见与他人发生冲突时，不妨换位思考一番，从对方的角度去考虑所遇到的问题，设身处地地从对方的角度去思考，某些我们眼看无法调和的冲突也许就会轻而易举地解决。当我们做到这些的时候，就能够更多地理解别人、宽容别人，就会发现原来生活是如此美好。

坚定希望，终会找到属于自己的幸福

在这个世界上，有许多事情是我们难以预料的。我们不能控制机遇，却可以把握自己；我们无法预知未来，却可以把握现在；我们无法计量自己生命的长度，却可以安排当下的行程；我们左右不了变化无常的天气，却可以调整自己的心情。要知道，现在的你，并不是未来的你。只要坚定希望，你终会找到属于自己的幸福。

在人的一生中，任何人都会遇到困难。一位哲人说过，一个人绝对不可在遇到困难时，背过身去试图逃避。若是这样做，只会使困难加倍。相反，如果毫不退缩，困难便会减半。

博朗克小时候不喜欢读书，成绩一直平平，他总想弃学而整天闷闷不乐。博朗克的母亲看到儿子的这种表现，心里十分着急。

一天，她把儿子叫到跟前，注视着他的眼睛，说："孩子，早知道你是一个平庸无能之辈，我当初真不该在波涛中挣扎……"接着，她向默默呆立的博朗克忆起往事：在博朗克快要降生的时候，家乡突然遭到洪水的袭击，她死里逃生，好不容易才登上一只小船，博朗克就降生在这只小船上。母亲望着滔滔洪水和刚刚临世的小生命，想起了一句话：我要挣扎，我要探出头来！

听完妈妈的回忆，博朗克才知道母亲所经历过的艰难，心灵受到强烈的震撼，暗暗发誓要发奋攻读，绝不辜负妈妈的厚望。工夫不负有心人，他终于以优异的成绩受到学校的赏识，被学校聘为助教。

在困难面前保持希望是战胜困难的巨大动力。一个心存希望的人，不管遇到什么艰难困苦，都会坚忍不拔、坚定不移地朝着既定目标迈进。因为在他们心中，为了自己心中的希望，吃再多的苦、流再多的汗，也是值得的。

在尼克9岁的那年冬天，爸爸带他到北的城郊，和爷爷一起过圣诞——在那里，爷爷有一个小小的农场。

一天，尼克在玩耍时，发现屋前的几棵无花果树中有一棵已经死了：树皮有的已脱落，枝干也不再呈暗青色，而是完全枯黄了。他稍一碰就折断了一枝。

于是，他对爷爷说："爷爷，那棵树早就死了，把它砍了吧！我们再种一棵。"

可是，爷爷不答应。他说："也许它的确是不行了。但是过冬之后可能还会萌芽抽枝的——说不定它正在养精蓄锐呢！记住，孩子！在冬天，你不要砍树。"

果然不出爷爷所料，第二年春天，这棵显然已经死了的无花果树居然真的重新萌生新芽，和其他的树一样感受到了春天的来临，真正死去的只是几根枝丫。到了夏天，整棵树看上去跟它的伙伴没有什么差别，都枝繁叶茂，绿荫宜人了。

所以说，只要我们对未来充满希望，不轻易放弃，冷静、耐心地等待，凡事都有转机的可能。

当琼斯还是个农民时，他的身体很健康，工作十分努力，在美国一个小镇经营着一个小农场。但他似乎一直不能使自己的农场生产出比他的家庭所需要的多得多的产品。这样的生活年复一年地继续着，直到发生了一件事。

晚年时，琼斯患了全身麻痹症，卧床不起，几乎失去了生活能力。他的亲戚们都确信，他将永远成为一个失去希望、失去幸福的病人，他不可能再有什么作为了。然而，琼斯却真的有了作为。他的作为给他带来了幸福，这种幸福是随着他事业的成功而来的。

　　琼斯用什么方法创造了这种奇迹呢？当时，他的身体是麻痹了，但是他能思考，他确实在思考，在计划。有一天，正当他致力于思考和计划时，他做出了自己的决定。他要从自己所处的地方，把创造性的思考变为现实。他要成为有用的人，他要供养家庭，而不是成为家庭的负担。

　　他对家人说："我再不能用我的手劳动了，"他说，"所以我决定用我的心理从事劳动。如果你们愿意的话，每个人都可以代替我的手、脚和身体。让我们把农场每一亩可耕地都种上玉米，然后就养猪，用所收的玉米喂猪。当猪还幼小肉嫩时，就把它宰掉，做成香肠，然后把香肠包装起来，用一种牌子出售。我们可以在全国各地的零售店出售这种香肠。"他低声轻笑，接着说："这种香肠将像热糕点一样出售。"

　　这种香肠确实像热糕点一样出售了。几年后，"琼斯仔猪香肠"竟成了家庭的日常用语，成了最能引起人们胃口的一种食品。

　　人们常用"心有余而力不足"来为自己不愿努力而开脱，其实，世上无难事，只怕有心人，积极的思想几乎能够战胜世间的一切障碍。

　　从古至今，有很多伟人、名人都是因为坚持了梦想，没有因为旁人，甚至权威的话而放弃自己，最终获得了成功。

无论遇到什么，我们都要放宽心，让自己快乐、幸福，而幸福就是我们获得成功的喜悦。大凡成功者，也许不比常人更聪明，更有能力，但他们都有一颗不抛弃不放弃的心，他们坚定自己的希望，敢于为了希望而冒险，所以才到达了自己理想的彼岸。

第二章

控制
自己的情绪

消灭情绪的愤怒之火

可以说，人类最糟的罪就是愤怒。小孩子会突然发脾气而弄得一家不宁；太太发脾气会引起头痛病；丈夫发脾气会失掉胃口……毫不夸张地说，愤怒是罪恶的源泉，可以使人生出怨恨，最终导致家庭不和、社会纷扰。

里德福德·威廉姆斯和其妻子合著过《愤怒可以杀人》一书，这本书的书名对41岁英年早逝的威廉姆斯来说成了一种不幸的预言。

当年，威廉姆斯在工作中弄伤了背部，从那以后他就失去了工作并一直承受着疼痛的折磨。他是个很爱生气的人——因为受伤他生气，因为背伤不愈他生气，因为老板不公平他生气，因为家人和朋友不够体贴他生气……

威廉姆斯大多数时间都在家里待着，不回朋友的电话，总是为自己的不幸生活而郁郁寡欢，就这样把自己封闭起来。只要一问和他以前生活相关的事情，如"你还和以前的同事们见面吗？"他就马上显得很生气。

有一天，他正在街上走，突然看见了他的一个"仇人"，结果他一下子就双手抓着胸口摔倒在地。他被急救车送到了当地的医院，在那里，他告诉医生说，他一看到那个人就火冒三丈，接着就感到胸口剧烈地疼痛，医生判断他是心脏病发作。

之后，这种情绪仍伴随着他。41岁的时候，他第二次心脏病发作。在医院里，心脏病专家、心理医生、牧师、他的兄弟和妻子围在他身边，给他下了"最后通牒"：别再这么生气了，不然你会死的，你的心脏再也承受不了这样的刺激了。威廉姆斯的脸上又出现了那种习惯的表情，眼泪也出来了，他回答道："不！我宁愿死也不能接受这一切，我无法做到不生气。"他的这句话同时也预告了他的死亡。

三个星期后，当威廉姆斯对着电话怒气冲冲地大喊大叫的时候，他的心脏病第三次也是最后一次发作了。当他的妻子发现他时，他已经死了，死的时候手里还抓着电话机。

愤怒和疲劳总是接踵而至，而且任何情感都是要耗费精力的。生气时，身体需要能量来调动各个部位，使其摆出进攻的姿势——心跳加速、血压升高、全身的肌肉收缩。愤怒时，人们会感到异常兴奋，肾上腺素分泌会增加，当松弛下来时，就会感到疲乏不堪。

如果我们每天都要愤怒，一天就要经历几次这种兴奋而后疲乏的恶性循环。可以想象出，人的精力会被这种不断骚扰的愤怒耗费多少，光想一想这种状况就让人感觉累。

有项调查证明，在不爱生气的人中，有67%的人每天早晨醒来时会感到精力充沛、头脑清醒；而与此相对，那些经常生气的人只有33%有这样的感觉。当被问及是否有过愤怒后疲乏不堪的感觉时，56%的不爱生气的人回答说有，高达78%的爱生气的人说有。

有一次，史蒂夫安静地坐在座位上等着拿药，而他旁边的一位年纪较大的人却等得焦躁不安，恨不得把药剂师吃了。"你们这些人知道你们在干什么吗？你们太没有效率了。我不能因为你们工作没做好就在这里干等！"那个人喋喋不休地说着。

史蒂夫主动对他说："你的感觉应该不是很好，是不是感到很累？发这么大的脾气会把人累坏的。我很明白这种状况，朋友，因为我以前也是这样。可是，说真的，这么做不值得，真不值得。"

回家后，史蒂夫开玩笑地对妻子说："你猜我今天遇到谁了？我遇到以前那个整天生气的我自己了！"

一般来说，人们的行动在受到限制、愿望不能实现、做事遇到挫折、权利被侵犯、劳累过度等时，就会产生愤怒的情绪。但无论是什么原因产生的愤怒，都会影响人的身体健康。正如《黄帝内经》所说："喜怒不节，则伤脏，脏伤则病起。"

由于愤怒，还会引起食欲降低、食而不化。经常这样，消化系统的生理功能必将发生紊乱。

愤怒还可以影响人体的腺体分泌。如正在哺乳的母亲，由于发怒可使乳汁分泌减少或使其成分发生改变，这对婴儿是十分不利的；又如人在受了委屈、侮辱而发怒时，泪腺分泌增强，泣不成声。再如，随着愤怒的程度和时间的增加，唾液可由增加而变得枯竭。比如有的人在争吵开始时唾沫横飞，逐渐就会变得口干舌燥，吵嚷声也随之慢慢消失了。此时，人的唾液成分会发生改变，即使是吃平时最喜欢的东西也会觉得食之无味。

本杰明·富兰克林曾经说过，"愤怒从来都不会没有原因，但没有一个是好原因。"其实，愤怒本身不过是你情绪冰山的一角，它并不是独立存在的，而是被其他的情绪所引发，如害怕、怨恨或不安。所以，既然愤怒不可避免，我们要做的就不是压抑愤怒，而是找到引发自己愤怒的情绪，在愤怒之前将其消除，从而去掉愤怒带来的消极影响。

愤怒不能解决问题，反而会伤害身体，也会给我们的实际生活带来不利的影响。所以，我们要消灭情绪的愤怒之火，控制愤怒情绪。

冷静，生气只会让事情更糟糕

坏脾气是一把双刃剑，在刺伤别人的同时，也会伤了自己。生气只是拿别人的错误来惩罚自己，所以古人说"怒伤肝，喜伤心，忧伤肺，恐伤肾"。发火会产生心跳加快等一系列反应，对健康不利。所以，不要轻易发火。

芭芭拉是个非常美丽的已婚妇女，但也是个非常容易生气的人。家长会上，老师委婉地说她儿子吉米有"多动症"的倾向，芭芭拉当时就怒火冲天，回家后不由分说地扣了吉米一个礼拜的零用钱，并责令他吃完饭后在卧室罚站两个小时，不准看电视，不准玩游戏。

吉米非常委屈，但看着盛怒中的母亲，他只好回到自己的卧室，开始折腾自己所能折腾的一切东西。于是，芭芭拉第二天还得收拾吉米弄乱的卧室，她又开始对着儿子大吼大叫。

由于芭芭拉总是容易发火，不分对象和场合地发脾气，摔东西，丈夫凯瑞就开始尽量少回家。芭芭拉没有了发火的对象，只好以吃东西来发泄。结果，本来非常美丽苗条的芭芭拉，因为不断地生气吃东西，在不长的时间内就比婚前增加了70多磅。

"我没有办法，因为凯瑞不回家。我竭力压抑我的愤怒，能压多久就压多久，通常是三到六个月，然后我就会突然爆发，一下子把气全撒出来。"芭芭拉说，然后，又开始新一轮的发火和吃东西，最后的结果就是："我记不清自己曾反复增减了多少体重，但肯定是一个很大的数字，而这都是因为生气。"

其实，发火是人经历挫折的一种后天性反应。人们以自己所不欣赏的方式消极地对待与自己的愿望不相一致的现实。如同水受到激发，就会泛滥；火受到激发，就会蔓延；人受到激发，就会作乱。发火，可以让温婉可人的美女变成泼妇，也可以让彬彬有礼的君子变成小人。

其实，当受到侮辱或攻击时，发火是不能解决问题的，它只能使你陷入社交的困境。由于情绪失控，头脑不清醒，就更难达到摆脱困境的途径。在这种情形下，唯一可取的办法就是保持冷静。

冷静是一种积极的、由静转动的心理活动过程。冷静能使自己客观地从对方的攻击中寻找出不符合事实、不近情理之处，抓住他的弱点，分析他的目的，然后采取对策，加以揭露，予以反击，使自己从劣势转为优势，转危为安。

拿前面所举的事例来说，芭芭拉以发火来对待儿子的"多动症"。刚开始，吉米是有点害怕，但没多久，他发现妈妈也只是只会发火的纸老虎，根本不会对他进行什么强制性措施，因此反而更加肆无忌惮地胡闹了。而丈夫凯瑞在偶遇了脾气温柔的清洁工艾米后，渐渐找到了男人的威严感。两年后，芭芭拉收到律师发来的离婚协议书，于是她更加生气，又开始拿起一大堆垃圾食品狂吃。她实在想不明白，凯瑞居然为了一个各方面条件都不如自己的清洁工而甩了她。

生气可以解决问题吗？答案当然是否定的。事情不会因为你发火而有所转变，别人也不会因为你愤怒而对你谦让。相反，你的愤怒伤害了别人的自尊，别人会更加反感你，甚至在你遭遇困境时落井下石。

心理专家曾对一大批在职员工做过一项调查，就愤怒问题及健康状况对他们进行了提问，还问到他们是否有过旷工的经历。心理学家先问第一个问题：在过去的三个月里，你有没有因为生病而不工作的情况？

有意思的是，那些有习惯性愤怒，也就是每天生气一次或更多的问题的人比那些不爱生气的人对这个问题给出的肯定回答要高出四倍多。同样，那些当时感到强烈愤怒甚至是暴怒的人出现旷工的可能性比那些只感到有些不悦的人高出两倍。

这个发现让心理学家相信，很多员工会由于愤怒而旷工，而身体上的病患只是为他们提供了一个合乎规则的借口。如果特别生气，那受伤的可能性是不生气时的7倍。暴怒的时候，受伤的概率是不生气时的12倍。

发火对身体不利，对工作同样也没什么好处。事实证明，没有一个老板喜欢爱发火的员工，而容易发火的人比起那些不爱动怒的人一生会更换更多的工作，被辞退或主动辞职的次数更多，事业的稳定性更差，最终，可供他们挑选的工作会越来越少，只好找到什么工作就干什么工作，而不是有步骤、有选择地发展自己的事业。

很多脾气不好的人会找一些能容忍他们动辄发火的工作（条件是能把活干完）。这样，就等于为他们自己的坏脾气找了一个"安乐窝"。可不幸的是，大多数这样的工作都是危险性大而报酬低的工作，于是他们就更加爱生气，让同事觉得不好相处，老板觉得不好管理。所以，这些人永远无法晋级，只能原地踏步，甚至被辞退。所以说，要想不断地进步，获得事业的成功，最好的办法就是做自己情绪的主人。因为，发火只会让你得罪很多人，只会令自己"失道寡助"，只会让自己更失败。

所以，请在发火之前深吸三口气，告诉自己："我要冷静，生气只会让事情更糟糕。"当你想出口伤人时，请告诉自己："我要冷静，发火只会让事情更糟糕。"记住，远离怒火，停止抱怨，才可能受到老板的赏识，获得同事的友谊，才可以快乐地晋级，直至成功。

遇事要冷静，学会冷处理

在每个人的生活中，可能都存在着这样或那样的矛盾，比如夫妻不和、邻里不睦、同事不谐等等。这时候，发脾气和抱怨只会让矛盾更加激化，所以，我们不如学学"冷处理"的方法，把正在闪射的"火星"冷却。

学会冷处理，就会冷静地调整事态，面对各种复杂的变化时就会从容不迫，处逆境而不乱，受打击而不惊。学会冷处理，就可以让大事化小，小事化了，让矛盾慢慢消失，化成一片祥和。

每天我们都要面对很多事情，有时难免会有不如意，很容易就会发火。但是，发火只会令事情更加糟糕，而冷处理则会显出你的大度，显出你的睿智。一个有涵养的人，是很少发火的，因为他们知道，生气无法解决问题，冷处理才会让一触即发的矛盾烟消云散。

费尔和米歇尔结婚后，由于两个人都非常自我，所以总是争吵不断，互不相让。米歇尔怀孕后脾气更坏，费尔一气之下，就有了外遇。等他们的女儿满一周岁后，两人就离了婚。

当费尔和安娜再婚时，米歇尔在婚礼上大闹一场，说费尔是一个混蛋，不负责任，是感情骗子。说安娜是狐狸精，只会勾引别人的丈夫，最后还是会被费尔这个花花公子抛弃，弄得大家不欢而散，朋友们也看尽了笑话。

其实，安娜并不是费尔和米歇尔的第三者，她是在他们离婚之后才和费尔相识、相爱的。米歇尔的大闹让她很伤心，也很委屈，但她没有抱怨，也没有责问费尔，而是采取了冷处理的方式来对待这件事。

米歇尔大闹婚礼时，安娜拦住娘家的朋友，让米歇尔尽情地发泄，丝毫不拦她。米歇尔骂骂咧咧，但因为没人回应她，只好愤怒又伤心地走了。

第二天，安娜独自去看米歇尔和她的女儿，并给她们送去2万美金，说这是费尔和她的一点心意，希望孩子可以进好一点的托儿所，还说费尔对不起米歇尔，她很抱歉，只要她能补偿的，一定会尽力，并留下了自己的电话。

在人与人的交往中，将心比心是最重要的。米歇尔也不是不讲理的人，她后来也知道了安娜并不是第三者，而且这个女子竟然那么大度，任自己在她的婚礼上大吵大闹，已经觉得有点不好意思，又见人送来了费尔从来没想过给的抚养费，就更加愧疚了。慢慢地，米歇尔也就不再去找他们的麻烦，而费尔也因为安娜的"大事化小"而更加珍惜这份婚姻。

在两人的生活中，每次费尔发脾气，安娜总是安静地听着，等费尔累了，安娜就送上一杯茶水，说："累了吧？那就喝口茶歇会儿吧。"如果没有什么大不了的问题，喝过茶后这件事就到此为止；如果有一些原则性的事情，安娜就会在费尔冷静的时候说说自己的看法。时间长了，本来脾气很暴的费尔也不再乱发脾气，开始心平气和地和安娜过日子了。

如果米歇尔像安娜这样懂得"冷处理"，也许她和费尔就不会离婚了。安娜遇事很会"冷处理"，不仅让丈夫的前妻对自己慢慢消除了敌意，还让丈夫对自己更加依恋和感动。

的确，夫妻和情侣在日常生活中需要磨合。磨合，就是一种"冷处理"。耳鬓厮磨，花前月下，当然美好。但是，舌头和牙齿也有碰撞的时候，何况是两个具有独立个性、独立见解的人？如果是两情相悦，就不要计较小节，出现了矛盾，千万不要火爆地发脾气，而要冷静下来，多点理性分析，多想想对方的好处，适时沟通，多向对方靠拢，还有什么隔阂不能消除呢？

心理学家指出，适度的宽容，对于改善人际关系和身心健康都有好处，它可以有效地防止事态扩大，避免产生严重后果。

　　大量事实证明，不会宽容别人，也会殃及自身。过于苛求别人或苛求自己的人，很容易处于紧张的心理状态之中，给自己带来不利的影响。

　　心理平和，心情愉悦，也能让身体更健康。所以，当有些事情一时想不通时，不要去钻牛角尖，应暂时把它放一放，把注意力转移到别的地方去。遇事多一分冷静，学会冷处理，就可以大事化小，化干戈为玉帛，让自己的人际关系更和谐。

愤怒的时候，请尽量不要草率地下决定

在所有不愉快的情绪中，愤怒可以说是最难摆脱，也是最难控制、最具诱惑力的负面情绪。人在愤怒的时候，很容易失去理智，冲动地做一些事情，甚至做出遗恨一生的决定。情绪操纵术告诉我们，一个人在愤怒的时候，请尽量不要草率地下决定，否则做错了决定，后悔晚矣。

有这样一则笑话。一个男子出差回来，走到家门口，却听见了男人打呼噜的声音。他非常伤心，就默默地走开，发了一个短消息给老婆："离婚吧。"老婆觉得很意外，认为老公一定是在出差时有了外遇，就同意了离婚。

三年后，两人相遇了，老婆忍不住问他当年为什么要提出离婚。得知是听到男人的打呼噜声之后，老婆忽然忍不住笑了：

"你为什么不进去看看？"

"看什么？给彼此留点面子吧。好聚好散！"

"当年那是瑞星软件的小狮子。"

很多时候，人们认为女性的愤怒是一种懦弱，而男性的愤怒却被认为是办事很有魄力。但事实真的是这样吗？男人因为当时不可抑制的愤怒，冲动地提出了离婚，却不知，那是多么幼稚的决定。看看已经为人妻的贤惠女人，男人岂是一个后悔了得？

冲动的后果是非常严重的，甚至在实际生活当中，冲动导致的损失也是不可弥补的。因为冲动，你可能从此失去一个你心爱的人，失去一个好朋友、失去一批顾客……因为人在发怒的时候，往往已经失去了理智，基本上无法支配自己的行动，从而做出让人后悔不已的事情。

在婚姻生活和朋友交际中，不能冲动；在工作中，我们更应该远离怒火。研究者发现，爱生气的员工往往十分冲动，做事不计后果。他们更关心的是自己的需要、期望、目标能否得到满足，而没有考虑大局，想想公司的需要和目标。比如，如果老板在快下班的时候问他能不能加班赶完一个急活儿，他会生气地大声说："绝对不行，今天我该做的工作我都做完了，我下班后不能加班。"然后就气冲冲地离开了。

这样的人往往认为老板是觉得自己"人善被人欺"，或者是自己的能力不一般才会被要求加班。所以，他觉得自己应该得到提升。而如果被提升的是别人，他就会愤愤不平，并且从此以后开始消极怠工。他会不断地问同一个问题："为什么他们不能公平地对待我？"

可是，有没有问过自己，为什么在没有得到自己想要的东西时，会生这么大的气。明明知道生气会让自己的处境更糟糕，为什么还要生气，还要冲动地顶撞老板？

愤怒就像一面镜子，一面观察自己的镜子。看看这面镜子，你能看到什么呢？也许你像是一个被宠坏的孩子，也许你对自己和同事的期望太高。然而，也许有问题的不是他们，而是你自己。看看周围的同事，他们是不是也像你一样在工作时怨气冲天。如果他们做着同样的工作而没有生气，那你就应该问自己：为什么别人不生气而你却这么生气？

其实，冲动是一种最无力也是最具破坏性的情绪，它给人带来的负面影响可能远远大于我们的想象。在你冲动地说一些话，做一些事时，愤怒往往像暴风骤雨一样来得猛、去得快，但在短时间内会有较强的紧张情绪和行为反应。当愤怒的情绪郁结于心时，会产生强大的力量，一旦发泄，会造成难以估量的损失。

在2006年的世界杯足球赛决赛中，法国大师级球星齐达内，在加时赛的最后10分钟用头冲撞对方球员，用一张红牌为自己的世界杯生涯画上了句号，并导致整个球队把冠军拱手让给了意大利。

齐达内用头撞对方球员，很多人都说是因为意大利球员马特拉齐先辱骂了齐达内，故意激怒他，本性好斗的齐达内立刻情绪失控，冲动地做出了违规行为，被裁判红牌罚下。结果可想而知，齐达内的离场，让紧绷着弦的法国队失去了灵魂支柱，他们不知道为什么在关键时刻会出现这种冲动的行为。队员们心绪不稳，气场也弱了很多，失败几乎已经定局。

冲动就像是在喝酒，一旦你喝了第一杯，就会一杯接一杯地喝下去，越喝越醉。愤怒就像酒瘾一样，让易怒的人控制不得，一旦陷入愤怒的情绪里就无法自拔。

一般来说，使自己生气的事，都是触动了自己的尊严或切身利益，很难一下子冷静下来。所以，当你察觉到自己的情绪非常激动，眼看控制不住时，可以采用及时转移注意力等方法自我放松，鼓励自己克制冲动的情绪。

俗话说，忍一时风平浪静，退一步海阔天空。就是告诉我们，在某些容易惹人生气的特殊情况下，不可意气用事，不要冲动。因为在缺乏周详考虑的情况下，头脑一发热，做事不加思考，极容易出事端，草率地做出伤害自己和伤害别人的事。

要想很好地操纵自己的情绪，就请远离冲动，不要草率地作一些冲动的决定，因为人一旦发怒，就会忘记一切，失去理智，错过解决问题和冲突的最好时机。人在愤怒的支配下，往往会伤害别人的感情和尊严，这样做，也会给自己带来不好的影响。所以，请远离冲动，让自己平和地面对一切。

与其怨天尤人，不如鼓起勇气

居里夫人说："失败者总是找借口，成功者永远找方法。"这里所说的借口，也可以说是抱怨的另一种表达方式。在失败面前，人们总能找出种种借口，编织各种各样的理由，来掩饰自己的懦弱、错误和无能。在日常生活、工作和学习中，总是充斥着这样、那样的借口和抱怨，但是抱怨有用吗？

一位招聘经理曾经说过这样一段话："每次面试，我都会问应聘者'你为什么离开上一家公司'。之所以问这个问题，我是想正面了解他对以前所在公司的评价。如果他说以前的公司多么多么不好，有这样那样的问题，那么不管这个人有多优秀，我都不会录用他。因为我相信，那些整天喜欢抱怨的人，做事也不会用心。"

事实就是这样，没有一个老板喜欢常常抱怨的员工，他们要的是结果，而不是各种借口和抱怨。当一个员工经常把不满、不幸的事挂在嘴边，过分抱怨自己太辛苦、太累、老板不重视自己……不仅不会得到同事和老板的同情，反而会让大家反感。

丹尼斯在一家电器公司做销售员。半年后，他很不满意自己的工作，就愤愤不平地对朋友说："我的老板一点也不把我放在眼里，哪天惹急了我，老子就不干了！"

朋友立刻说："我举双手赞成你，丹尼斯，这样的老板一定要给他点颜色看看。不过你现在离开，还不是最好的时机。"

丹尼斯一怔，问："为什么？"

朋友说："如果你现在走，老板的损失并不大。你应该趁着还在这里时，努力去为自己拉一些客户，成为公司独当一面的人物，然后带着这些客户离开公司，这样，你的老板就会受到重大损失，会非常被动。"

丹尼斯觉得朋友说得非常在理，于是就停止了抱怨，专心地努力工作。事遂所愿，经过半年多的努力工作，丹尼斯有了许多的忠实客户。再见面时，朋友听说了他的业绩，就说："现在是时机了，要赶快行动啊！"

丹尼斯喝了一大口啤酒，兴奋地说："我发现近半年来，老板对我刮目相看，最近更是不断给我加薪，并和我长谈过，准备让我做他的助理，我暂时没有离开的打算了。"

对丹尼斯来说，抱怨让自己灰心丧气，只想辞职走人，但停止抱怨，努力工作，却换来老板的加薪和赏识。他的经历告诉我们，与其抱怨老板不重视我们，不如反省自己，不断提高自身的能力。

气候有冷暖，人生有四季。人生在世，有谁能事事如意？所谓的"万事如意"，只是人们的美好祝福，生活给予我们更多的是平淡或者失意。面对失意，有人选择了坚强，有人选择了逃避，更多的人则选择了抱怨。然而，抱怨并不能解决问题。面对不如意，只有勇敢向前，让自己更强大。而不是退缩，为自己找安慰。

比尔·盖茨说，一个善于为失败准备借口的人，无论怎么掩饰，都是一个不折不扣的懦夫。面对问题时，与其怨天尤人，哭天喊地，不如鼓起勇气，向命运回击。

要想拥有没有抱怨的世界，首先要学会寻找原因，从源头去审视自己，我为什么会抱怨？怎样才能不抱怨？只有找到病因，积极"治疗"，才能彻底得到根治，从而在走向快乐的同时，拥抱成功。

尼维尔有五个兄弟姐妹，家境贫寒，他们的父母经常因为钱而吵架。母亲经常催父亲多挣些钱，以便能维持家里的开支，并能时不时为五个孩子买点儿好东西。但他们的父亲却往往是喝得酩酊大醉，然后就是大发脾气，抱怨老板不重视自己，抱怨老婆没有好工作，然后两个人就开始摔东西吵架。

忽然有一天，他们的父亲开始穿着衬衫打着领带，他们的母亲也不再抱怨。原来，老板让尼维尔的父亲做销售，而不只是在仓库搬运货物。一家人都非常高兴，开始和睦相处了一段时间。但好景不长，脾气暴躁的父亲很快开始和客户吹胡子瞪眼，气走了好几个公司的客户，被老板重新调到仓库不说，还扣了两个月的工资。这样一来，尼维尔一家又回到了以前那种近乎贫穷的生活。母亲非常生父亲的气，抱怨日益升级，两人最终离了婚。

其实，人生中并不总是事事如意，我们要做的就是去适应它。既然无法改变什么，那就不要随意抱怨。要明白，"存在的就是合理的"，你所受到的待遇是有它"存在"的背景、条件和原因的。一个失败的人，自身也有欠缺的地方。所以，与其抱怨别人，不如改变自己。自己改变了，一切都有可能改观。

在现实生活中，无论遇到什么，都请停止抱怨，因为那没什么作用。抱怨只会让事情更加糟糕，而且伤人又伤己。要做一个能掌握自己情绪的人，就要学会端正心态，远离抱怨，用潇洒豁达的人生态度去生活。

排解精神压力，活出健康人生

　　日常生活中，每个人都有不顺心的时候，只是表达方式和生气的频率不同罢了。有的人会忍而不发，而有的人则喜欢尽情地发泄；有的人只是偶尔生气，而有的人则每天都会怒气冲冲。然而，没有人会主动去选择生气。

　　生气是基于我们神经系统的一种本能反应。夫妻之间，朋友之间，甚至是陌生人之间都有可能对彼此产生不满，从而心生怒气。而过度的愤怒会对一个人产生巨大的负面影响，所以，在你的不满还没有爆发之前，请把你的不满说出来，越早越好，而不要让愤怒之火把自己烧得遍体鳞伤。

　　愤怒就其本身的特性来说是短暂的。它就像拍打沙滩的波浪一样，来得快，去得也快。对大多数人来说，5到10分钟之后，火气就下去了。但对某些人而言，愤怒会挥之不去，并有可能愈演愈烈。每个人都希望能快乐幸福、心境平和，但愤怒的潮水会将这一切淹没。

有一次，一个叫鲍勃的男人找到心理专家金特里。鲍勃说在刚刚过去的周末，他和女朋友之间发生了一件事，其实也不算什么大事。他们本来为这个周末做了一些计划，但她突然之间就更改了计划，并且事先没有告诉自己，这让鲍勃很不高兴。

心理专家金特里问："如果我们把生气的程度分为10个等级，在你听说她改变主意的时候，你到底有多不高兴呢？"

鲍勃说："我觉得应该有4级。"

金特里说："如果是4级，那你就不是不高兴，而是生气，或者说是愤怒。我把4到6级称为愤怒，而1到3级才是不高兴。那么，你有没有告诉你的女朋友你很生气？"

"没有，我只是把我的怒火埋在心里了，一直以来我都是这样。然后我们就一起出去吃饭了，可是等了好长时间饭菜也没有上来，而在这期间，我心里的火气越来越大，我想那时候我的愤怒应该有6或者7级吧。"

金特里说："二者是不一样的。6级意味着你非常愤怒，但7级表明你的愤怒是暴怒，虽然是轻度的暴怒，但仍然是暴怒。"

"那就是6级。"

金特里分析道："那个时候你离暴怒只有一步之遥了。对于你的愤怒，你是否采取了一些措施呢？"

鲍勃想了想说："当时没有，我尽力让自己平静下来，然后和女友一起出发去看棒球赛了。可是还没有到达棒球场，我们就在车里吵了起来。我不知道是什么把我惹恼了，反正当时我非常生气，一拳打在汽车的通风口上，一下子就把它打裂了。我想我当时愤怒的等级有9级或者10级。"

其实，如果当时鲍勃在刚刚感觉不高兴的时候就大胆地说出来，告诉他的女朋友，她这样不和他商量就改变计划，使他觉得不公平，以后这样的事情要跟他商量，也许后面的不愉快就不会发生了。可是他没有这样做，没有及时地说出自己的不满，结果导致自己越来越愤怒。由此，我们可以得到这样一个启示——说出你的不满，越早越好。

一个朋友讲了一段他的灰色记忆：大学毕业后不久的那个夏天，对他来说可谓多灾多难：先是以运输为生的父亲出了车祸；接着是公司裁员，资历最浅的他被列入名单。这还不够，在大学就读的女友又来了分手信。心智还幼嫩的他，一时间仿佛觉得天塌地裂。可他生性骄傲，硬是咬牙离开了公司，给家里寄去了自己的生活费，心平气和地答应与女友分手。

做完这一切，他一个人在大街上买了杯可乐。他一个人坐在遮阳伞下，看着一杯褐色的饮料，心情可想而知。可还没有等他喝上几口，就将杯子打翻了，可乐洒了一桌，也洒了他一身。

就在那一瞬间，他突然泪流满面，压抑的情绪决堤了。

后来，他由脆弱到坚强，由幼稚到成熟。讲述这个故事是为了告诉人们，发泄并不代表软弱；相反，懂得发泄，才能保持健康的心态，应对人生挑战。

每个人都会有不良情绪，而压抑是大忌，我们必须学会用适当的方法排解不良情绪，只有这样，才能每天保持一种好心情。同样，如果一直把愤怒压在心里，以至有一天到了要爆发的地步，那这种爆发会产生什么后果，是不可预测的。

约翰在公司里的人缘很好。他性情温和、待人和善，几乎没有人看他生气过。有一次，一个朋友经过他家，顺道去看望他，却发现他正在顶楼上对着天上飞过来的飞机吼叫。朋友好奇地问他原因。

约翰说："我住的地方靠近机场，每当飞机起落时都会听到巨大的噪音。后来当我心情不好或是受了委屈、遇到挫折，想要发脾气时，我就会跑上顶楼，等待飞机飞过，然后对着飞机放声大吼。等飞机飞走了，我的不快、怨气也被飞机一并带走了。"

回家的路上，朋友不禁想着，怪不得他的脾气这么好，原来他知道如何适时宣泄自己的情绪。

人活于世，不可能事事顺利，出现一些压力是不可避免的，就像船一样，必须要有些载重，才能航行。一味地压抑心中不快，并不能解决问题。在生活节奏紧张、繁忙的现今社会中，人们有必要学习如何排解自己的精神压力，这样才能活出健康豁达的人生。

眼界要开阔，目光要长远

在当今社会，面对越来越激烈的竞争，人们承受的压力也越来越大。在这种无形的压力下，如何保持良好的心态，甩掉怨气，夯实做人的底气，已成为许多人面临的共同课题，而"忍"就是一则能让人保持良好心态的良方。

人的一生是不断奋斗的历程，在这奋斗的过程中，也就是在不断地增加自己的底气。毕竟，胜负得失是不可避免的，但只要具备忍耐的胸怀，那么，不管有多大的压力，都会风平浪静、转危为安。

在20世纪20年代，有两家老字号的药店。一个叫万寿堂，另一个叫济世堂。两个老东家都是极其和善的，虽然离得很近，但相互之间泾渭分明，各做各的买卖，倒也相安无事。可是到了30

年代初，万寿堂的后人继承了父业，对父亲的那种保守的经商之道极其不满，于是他便从价格、品种等各个方面进行改制，对济世堂药店展开了全面的攻势，力图挤垮济世堂，从而垄断当地的药店。

凭着自己年轻、敢想敢干，再加上世家的功底，几个来回，年轻人就把济世堂搞得非常被动。在万寿堂的强大攻势下，济世堂的经营每况愈下，虽然采取了一些补救措施，但仍然没有办法挽回这种局面，于是便宣告停业。

年轻人心高气傲，这一次大获全胜，自然傲慢无比，计划着更进一步的发展。他哪里知道，济世堂其实并没有完全垮掉，并未到非关门不可的地步。凭实力，济世堂也完全可以再与"万寿堂"好好地较量一番，但济世堂的老板却没有那样做。他忍下了这口怨气，不想直对万寿堂的锋芒，弄得两败俱伤，而是避开万寿堂的正面进攻，采取了以退为进的策略迎接万寿堂的挑战。

不久，济世堂换了个地方，在远离万寿堂的一条街上重新开张了。既然不能与万寿堂同街经营，换个地方总可以吧？但新店把原来的大铺面换成了小门面，昔日大药店的气派已不复存在。消息很快传到万寿堂老板那里，他不禁心花怒放：济世堂，你已经被挤出了这条街，再也别想回到这条街上来与我争地盘、抢顾客了。得意之余的他没有进一步做出策略排挤济世堂，而是放了济世堂一马。

过了一些日子，济世堂的又一家分号开业了，还是小铺面，也仍然"躲"着万寿堂。有人便提醒说："济世堂又开了一家分号，买卖不错，有可能是想东山再起，我们要有所防范啊。"万寿堂老板却并未放在心上。

后来，济世堂相继开了几家类似的小药店，和万寿堂的生意也不相上下，两家相安无事，似乎没有发生过抢夺"地盘"的恩怨一样。让人没有想到的是，三年之后，经过一番准备，济世堂突然宣布自己将在老店旧址重新开业。万寿堂的老板惊骇不已，他没有想到被自己挤走的济世堂还会东山再起，给自己造成了放虎归山之患。他打算像三年前那样发动一次商战，趁济世堂立足未稳，把它再一次赶出去，可很快发现，这是绝对不可能的了。

他终于才明白济世堂在这三年中，已经开了许多的分号，分散经营销售，销量自然大得多。更令人吃惊的是，万寿堂早已在济世堂的层层包围中。

自济世堂总店恢复之后，生意十分红火，顾客络绎不绝，再加上分号的销售，每年的利润极其可观，而相比之下，万寿堂的生意则少了很多。

济世堂在遭到突然的"袭击"之下，没有做鱼死网破、两败俱伤的拼命挣扎的打算，而是暂忍一时之怨气，寻找良机，终于东山再起，压倒了万寿堂，夯实了自己的底气，为自己争得了一口气。

所以说，做人，眼界要开阔，要将目光放长远。一时的失败不算什么，不要为过去的事情生气、懊悔，重要的是找到原因并加以改正，为自己争口气，如此下去，总有成功的一天。

以前听过这样一个故事：

有一个成功的企业家，年轻的时候家里非常穷，总是穿妈妈做的布鞋出门。当走在学校或大街上的时候，总是觉得别人看不起他，说他老土。于是他攒了很久的钱，买了双皮鞋。他每天穿着皮鞋出门，他觉得这样会使自己有点底气，可事实上他心里一直觉得很不是滋味。

经过几年的打拼，他在金钱方面已不再窘迫，他觉得只要舒服，穿什么样的鞋都无所谓。他常常穿着布鞋，但是并没有觉得低人一等，反而看到许多敬仰的目光。

其实，一个人穿什么鞋、穿什么衣服并不重要，关键是要活得有底气。自卑往往会使人丧失做人的底气，丧失基本的自信。也正是因为自卑，没有勇气主宰和改变自己的命运，心态上就起伏不定，在行动上就犹豫不决，这样的人只会一生都碌碌无为。

人要自信，要夯实做人的底气，只有这样，才能不断向前。

天下没有解不开的疙瘩，没有打不破的坚冰

如果你被误解，你会做些什么？对这个问题，不同的人有不同的做法。

有些人认为，被人误解，没必要争辩，因为不是所有的人都得了解自己；有些人会非常愤怒，极力去跟人争，跟人吵，结果也是可想而知的。要知道，不论是被别人误解还是误解别人，只要是一种负面意义的误解——把美好误为丑恶，把善意误为恶意，把真诚误为虚伪，把正确误为错误，把鲜花误为毒草……都可以成为人生中的一层阴影，一种难堪，一种痛苦。

小王大学毕业后，在一家广告公司任创意总监陈兰的助理。这天，总经理办公室送来一份文件给陈兰，说是要三天后拿出一个创意草稿。当小王把文件送到陈兰的办公室时，她正在跟客户

打电话，看了看小王手里的文件，陈兰摆手示意她放在桌上。可忙碌的陈兰接完电话后，一时忘了这件事，文件被埋在案头。

三天后，当总经理向陈兰要这个方案的时候，她却完全想不起这件事。她叫来小王，一通呵斥，批评她办事不力。小王当着总经理的面，一个劲儿地解释，并把当时的情况形容了一下，这让陈兰很下不了台，不久以后就借故换掉了小王，小王感到非常委屈。

作为一个公司新人，最怕的可能就是被人误解了。面对直属上司的责难，生怕会在更高的领导面前失去信任。所以小王拼命辩解，结果却把事情越弄越糟。

人际间的摩擦、误解乃至纠葛、恩怨总是在所难免，如果我们总是用仇恨的目光对待他人的误解，生活就只会是如负重登山，举步维艰了。要知道，纷繁复杂的人生总是会牵涉千头万绪，方方面面，随便哪一方面、哪一时刻的有意无意之间，都可能造成人与人之间的误会。而且，误会比人际关系不良会更多一层痛苦，它是对原来美好关系的破坏。这种破坏并非主观的、有意识的、故意的，而只是因为互相的隔膜、沟通不畅和感情的客观障碍所致，是不难解决的问题。一句笑话，一个脸色，一篇文章，一封书信，一道传闻，一件用具……其实都是一些日常生活中鸡毛蒜皮的小事所引起的误会。

有些误解初时不深，若不及时消除，可能会随着时间的增长而裂痕愈大，误会愈加深。而事实上，误解既已形成，不论是你遭到了误解或你可能正在误解别人，只要互相疏通，就能达到理解，使误会消除。

通常，在日常交往中，那些性格内向的、个性特别的、自视清高的、狂妄傲慢的、说话常信口开河的、爱挑剔小节的人很容易在交际中与他人产生误会。与上述这些人交往，不论是初次交往还是多次交往，都要注意自己的言行是否容易令对方产生歧义，是否可能遭到误解，或者自己是否对对方存有偏见和误会。

如果你已经自觉意识到遭到了误解，最简便的办法当然是直接与误解你的人解释交流，真诚相见。而不要搁在胸中，不要犹豫顾忌。你可以借一次家宴、一次公关活动或一次约会、一个电话互剖衷肠，把疙瘩解开，让两个人重归旧好。

如果对方把你视同仇敌，对你误解太深，已经对你形成偏见。那么，你可以通过间接的方式，动用误解者亲近的并且信得过的人，让他在你们中间作桥梁，作媒介，把误解者的怨气和意见，把你的诚意和本心都通过这位中间人予以传达疏导。到了一定时机，你们就可以发展到直接解释交流了。

记住，天下没有解不开的疙瘩，没有打不破的坚冰，没有过不去的火焰山，无论有多大的误会，最终总能化干戈为玉帛的。

一切前导和基础就在于当你受到误解的时候，能够宽容大度，主动地想办法去消除对方的误会，这是君子的度量，同样也会受到朋友的尊重；相反，如果当你受到误解的时候，如果对对方之误厌恶憎恨，压根儿不想去消除它，更不愿主动去做疏通工作，以为那样做会降低身份，丢了自己的面子，损伤了人格，那么不但误会不会被解决，反而会给别人留下话柄。

圣人云："受国之垢，是谓社稷主。"意思是说，承担全国的屈辱，才算得上国家的君主。对我们而言，如果在小小的人际关系圈内也受不得丝毫委屈，那就只好形孤影单了。要明白，每个人都有缺点，所以不要计较太多，不要让误会纠缠着你，要把别人对你的误解一挥而去，做一个快乐的人。

用平常心获得内心的平静和愉悦

在家人、朋友或同事中，我们常常能够看到种种"不公平"的现象：一些知识和才能一般的人，往往能很轻易地得到理想的职位，拿着高工资；而一些专业技能和综合能力都很强的人，却在职场上处处碰壁。于是，我们常常能听到这样的抱怨声："公司太不公平了，为什么不给我多发奖金？"、"这个社会太不公平了！高学历又有什么用？"、"这件事太不……"

的确，不公平的现象确实存在。可是抱怨、愤恨也无济于事，生活还得继续。

有人说，要想成功，就要给自己制订一个明确的目标，并用热切的渴望、积极的行动去实现它，而不是一味地去抱怨世界的不公。因为世事没有百分之百的公平，一味地追求公平只会让人心理失衡；一味地为了公平去争斗，只会让我们失去更多，远离自己的目标。

况且，有时候，我们所认为的不公平，只是因为我们所处的位置不同，看待问题的出发点不同。因此，就更要放宽心了。

一个农场的葡萄熟透了，如果当天不把葡萄全部摘完的话，葡萄就会烂掉，而农场主自己又不可能在一天内把葡萄全部摘完。于是他到市场上找了一群人，对他们说："如果你们能在今天都帮我把葡萄全部摘完的话，我就给你们每人一块金币。"这群人听后非常高兴，就到葡萄园里摘葡萄。

中午的时候，农场主发现葡萄还剩了很多，看情况这些人不可能在天黑前把葡萄都摘完，于是他又到市场上找了一群人，对他们说："如果你们能在今天帮我把葡萄全部摘完的话，我就给你们每人一块金币。"这群人听后，也非常高兴地到葡萄园里摘葡萄。

可是到下午2点钟左右的时候，这个农场主发现这批人虽然非常卖力地摘葡萄，但他们还是不可能在天黑前把葡萄全部摘完。于是他又到市场上找了一群人，对他们说："如果你们能在今天帮我把葡萄全部摘完的话，我就给你们每人一块金币。"这群人听后，也非常高兴地到葡萄园里摘葡萄。

当日落西山的时候，葡萄终于全部摘完了。农场主先把最后一批人叫过来，给了他们每人一块金币，这群人高兴地走了。他又把第二次招来的人叫过来，每人给了他们一块金币，这群人并没有表现得非常高兴，但没有说什么，也走了。当他把第一次招来的人叫过来，给了他们每人一块金币的时候，这些人不高兴了。他们说："为什么我们干的活儿比后来的这些人多，但给的钱怎么都是一个金币呢？"

很多人都会有同感。事实上，所谓的"不公平"感，其实是来源于与自己的劳动和报酬无关的其他人，是我们觉得人与人之间不公平。

人们因出身背景不同，生长环境不同，受教育程度不同，对公平的理解也会有所不同。其实，公平只是相对的，不是绝对的，认识到这一点，也就不会再心有不甘，而去千方百计地追求百分之百的公平了。只要以平常心对人对事，就会获得自己内心的平静和愉悦。

第三章

放下包袱，一身轻松

不为贪婪所诱惑，凡事量力而行

贪婪是一碗剧毒，谁喝了都会无药可救，所以在生活中，适时地控制自己的贪念才能够生活得幸福，而一个贪婪的人永远不会知道"知足"是什么。他们不停地追求，为的只是得到，而不是享受。由于他们忽略了享受生活，就算他们得到的东西再多，也不会明白快乐是什么。如果欲望太多，就会一事无成，想得到的越多，往往就会失去更多，只有放下贪婪，心中才能安静，身心也会释然。

有一个寓言故事值得我们深思：

说的是有一个人穷困潦倒得连床也买不起，家徒四壁，只有一张长凳，他每天晚上就在长凳上睡觉。他向佛祖祈祷能给他一个发财的机会，佛祖看他可怜，就给了他一个装钱的口袋，说：

"这个袋子里有一个金币，当你把它拿出来以后，里面又会有一个金币，但是只有当你把这个钱袋归还给我后才能使用这些钱。"

那个穷人就不断地往外拿金币，整整一个晚上没有合眼。地上到处都是金币，他这一辈子就是什么也不做，这些钱也足够他花了。每次当他决心归还那个钱袋的时候，都舍不得。于是，他就不吃不喝地一直往外拿着金币，直到屋子里全堆满了金币。

可他还是对自己说："我不能归还钱袋，钱还在源源不断地出，还应该多一些钱才好！"到最后，他虚弱得没有了一丝力气，终于死在了钱袋的旁边。

不可否认，贪婪会让人不知不觉犯傻，有时会做出很愚蠢的事情来。所以，任何时候都不要被贪婪诱惑。

贪婪是一种顽疾，人们很容易成为它的俘虏，变得越来越贪婪。人的欲望是无止境的，一个贪婪的、永不知足的人等于在愚弄自己，到最后，往往什么都得不到。

从前，有一对捡破烂的夫妻，每天一早出门，拉着一辆平板车到处捡废铜烂铁，直到太阳落山以后才回家。每天回到家，就在院子里放一盆热水，搬一个凳子，把双脚泡在盆中，然后拉弦唱歌，到晚上天气变得凉爽的时候，他们就回屋睡觉。日子过得很是舒心、自在。

一位很有钱的员外住在他们对面，他每天都得打算盘，算算哪家的租金该收了，哪家欠多少账，总是为这些事操心。他看到对面的夫妻每天快乐地出门，晚上轻松自在地唱歌，非常羡慕，又觉得奇怪——他们没什么钱，有什么可快乐的。于是就问他的伙计："为什么我这么富有却不快乐，而对面那对穷夫妻却过得如此快乐呢？"伙计问："你想要他们发愁吗？"员外回答："我觉得他们不会发愁。"伙计又说："只要给我一贯钱，送到他家，我保证他们明天不会开心地唱歌。"员外说："给他钱他会更开心，怎么说不会再唱歌了呢？"伙计说："到时您就看吧。"于是，员外就把钱交给伙计，伙计再把钱送到穷夫妻手里。

有了钱以后，这对夫妻就开始烦恼，晚上竟然睡不着了：把钱放在家里，门不严实；藏在墙壁里，墙用手一扒就开；放在枕头下又怕丢掉……二人一晚上都为这贯钱发愁，一会儿躺下，一会儿又起来，整夜就这样反复折腾，没法安心睡觉。妻子问道："现在你已经有钱了，为什么还发愁呢？"

丈夫说："这些钱，我们该如何处理呢？放在家里怕丢了，我满脑子都在想该怎么用这些钱。"隔天早上他带钱出门，转了一天还是不知道要做什么好，他又把钱带回家，垂头丧气的很无奈。做小生意不甘心，做大生意钱又不够。他对妻子说："这些钱说少也不少，说多又不够做大生意，太伤脑筋了！"

晚上，员外在对面，果然没听到拉弦唱歌，于是就到他家去问怎么回事。这对夫妻说："我觉得还是把钱还给你好了。我宁愿每天一大早出去捡破烂，也比有这些钱轻松愉快！"此时员外恍然大悟，原来，有钱不知道怎么花，同样也是负担。

那么，到底怎么活才是快乐的呢？放下不必要的包袱，不为贪婪所诱惑，凡事量力而行。如果能这样简单地过，自然就能轻松愉快。有了贪念，就会患得患失，把利益看得很重。而不被贪婪所诱惑的人是没有负担的，没人与他结怨，他也没有心机去和别人计较。与一切无争，一切自当安静，这种日子最轻松，这样的人生最快乐。

与其忧心忡忡，不如放下忧虑

忧虑是对自己没有把握的事情感觉到担心和焦虑的一种心理状态。忧虑的人常会情绪低落，无精打采，疲倦无力。

但事实上，多数我们所忧虑的事情，是没必要的，只会浪费我们的时间，伤害我们的感情，使我们无法享受快乐。等我们不再为此事忧虑以后，我们会发现，原来我们一直为这种小事担心，是多么不值得。

一位男士在出国旅游时，带回来一个精美的水晶盘子。他十分喜爱这个盘子，为此，他还特意定做了一个结实的座子，然后和盘子一起放到陈设架上最安全、最显眼的位置。

为了使水晶盘一直保持晶莹剔透，他三天两头地用板凳搭起梯子爬到架上去打扫。他一改往日油瓶倒了都不扶的懒惰，小心翼翼地看护着这个"稀世珍宝"。他担心小孩玩耍时撞到架子碰翻水晶盘，还担心老婆在打扫卫生时失手打碎水晶盘，因此，他经常呵斥孩子和老婆做事要小心。时间久了，老婆和孩子变得胆小了，孩子不敢在家里玩闹和嬉戏，老婆打扫卫生时也不敢卷起袖子大干。到后来，一家人说起话来客气得就像陌生人。

一天，一个多年没见面的老同学到他家里作客，进屋没多久就看见了这个漂亮的水晶盘。老同学眼睛一亮，觉得非常漂亮，要求他拿下来赏玩一番。他非常得意地站到椅子上取水晶盘，拿给这位老朋友。

"啪"的一声，老婆在厨房听见声响，慌张地跑到客厅里，在屋里收看动画片的孩子也抬头看着他们，一脸的恐慌。

朋友和他都呆在那里。在他把盘子递给老同学的那一刹那，水晶盘坠落在地上，绽放成一朵朵凄美的"碎花"，一粒粒水晶残片散落在地板上。

他站在椅子上，看着摔碎的水晶盘子，一脸的茫然。他视如珍宝的水晶盘在刹那间就成了永远的回忆，这让他百感交集。

但这一声响，好像心头的一个牢固锁头突然被打开，他心里先是一紧，随之而来的却是如释重负的痛快。

他轻松地安慰着尴尬的老同学和紧张万分的家人，脸上绽放出以前难得一见的笑容。于是，久违了的温馨气氛又重新回到了他的家里。

要知道，忧虑只会打破我们生活的宁静，给自己徒增烦恼，所以，与其整天忧心忡忡，不如放下忧虑，迎接快乐。在得失之间，可以淡泊一些，不必将自己的心囚禁起来。

因为"人生如舟"，负载过多过重，不沉船也难免要搁浅。放下忧虑，是为了拿起快乐。当你为生活的种种烦恼感到困惑、受到压力时，请深深吸一口清新的空气，放下你心中的所思所想，丢掉负担，这样，你将会变得轻松愉快。

汉里斯是一定大饭店的总裁，然而，他却因为常常忧虑发愁而得了胃病。

有一天，他被送到医院。在医院里，有三个医生对他进行会诊，其中一个是非常有名的胃病专家，他们一致认为汉里斯的病情已经很严重了。他在医院里只能吃苏打粉，每小时吃一大匙半流质的东西，把胃里面的东西洗出来。

这种情形一直持续了好几个月，最后，汉里斯对自己说："汉里斯，如果你除了等死之外没什么别的指望了，不如好好利用你剩下的这一点时间。反正最坏的结果也不过是死，而你现在没死，还应该做点什么。"

汉里斯一直想在死前环游世界，于是他决定马上行动。当他告诉医生他的计划时，他们都大吃一惊。医生们警告他说，如果他开始环游世界，就只有葬在海里了。

"不，我不会的。"汉里斯回答说，"我已经答应过我的亲友，我要葬在我们老家的墓园里，所以，我打算把我的棺材随身带着。"

汉里斯真的去买了一具棺材，把它运上船，然后和轮船公司安排好，万一他死去的话，就把尸体放在冷冻舱里，一直到回到老家的时候。然后，汉里斯踏上了旅程。

在旅途过程中，汉里斯抛开了一切忧虑，专心享受着最后的时光。渐渐地，他不再吃药，也不再洗胃了。不久之后，他任何食物都能吃了，甚至包括许多奇奇怪怪的当地食品和调味品。几个礼拜过去后，他甚至可以抽长长的黑雪茄，喝几杯老酒。多年来，汉里斯从来没有这样享受过，甚至后来遇见台风他也没有为此忧虑过。

汉里斯在船上和不同的人玩游戏、唱歌，晚上聊到半夜。当船航行到某地后，汉里斯发现回去之后要处理的事情和在这里见到的贫穷与饥饿比起来，简直像是天堂与地狱。因此，他停止了所有无聊的担忧，觉得生活非常美好。

回国后，他几乎完全忘记了自己曾患过胃病。他马上回去工作，并且开始期待每一天的到来，此后他的身体状况也一直很好。

汉里斯的经历告诉我们，忧虑是一剂慢性的毒药，医治忧虑的最好医生只能是自己。在日常生活中，我们没必要为一些不切实际的事情而忧愁。因为这毫无意义，只会让自己不开心，而不会改变什么。

放下心中的妒忌，自己就会愉快

巴尔扎克曾经说过："妒忌者受到的痛苦比任何人遭受的痛苦更大，他自己的不幸和别人的幸福都使他痛苦万分。妒忌心强的人，往往以恨人而开始，以害己而告终。"

在人类所有的感情中，妒忌可以说是最奇怪的一种。一方面，它异常普遍，几乎每个人都有这种感情。另一方面，妒忌似乎很不光彩，每个人都把它当作一件不可告人的秘密藏在内心深处。它往往在不知不觉中潜入意识，犹如一团暗火炙烤着妒忌者的心。妒忌犹如一把"双刃剑"，既伤害别人，也伤害自己。

韩非是战国末期韩国的思想家，也是荀子最得意的学生。韩非和李斯同是荀子的学生，他博学多能，思维敏捷，李斯自以为不如。他写起文章来气势逼人，堪称当时的大手笔。凡是读过他的文章的人，几乎没有不佩服他的才学的。

秦王读了他的文章，大发感慨："多出色的论述，如能与此人见面，死而无憾。"后来韩非到了秦国，秦王请他进宫，韩非为他出谋划策：要想统一天下，就要打破目前六国合纵的盟约。

秦王听了他的一番建议，很是高兴。当时李斯已经深得秦王信任，位居高官。他看到秦王如此喜欢韩非，担心韩非将来会取代他的位置，于是就对秦王说："韩非是韩国的公子，秦王想吞并各个诸侯国，真要是发生征战，韩非一定会为自己的祖国着想，而不会为秦国考虑，这是人之常情。现在他居住在我国境内，一旦他回到韩国，必将对我国不利。所以，最好是把他关入大牢施以酷刑，处死他。"秦王听了觉得有道理，就把韩非关入大牢。

韩非虽然很想为自己辩解，但却没法见到秦王，也无法传达自己的意思。李斯派人送来毒药，还有一封信："秦国重臣对客卿甚为不满，决定将他们全部放逐，当然也不会就这么让他们回去，自己服毒自杀吧！"

韩非此刻明白了：李斯这是妒忌自己，解释也没有用。于是服了毒药。这时秦王想起他的博学多才，认为他是不可多得的人才，后悔把韩非关入大牢，于是急忙下令赦免，可是韩非已经自杀身亡。

妒忌，是一些人心态不平衡的表现。因为妒忌，庞涓使计挖掉了孙膑的膝盖骨；因为妒忌，苏轼连遭小人的陷害，最终被流放到海南岛……历史上，关于妒忌的故事实在太多。太多的由妒忌引起的悲剧，促使我们反复思考关于妒忌的问题。

芸芸众生，各人的机遇与境遇不同，每个人的实际情况也会有所不同，有的飞黄腾达，有的穷困潦倒。对于他人的成就，可以羡慕，但不要妒忌。心怀妒忌之心的人不能容忍别人的快乐与成就，他们用各种手段去破坏别人拥有的美好，挖空心思去中伤他人，不惜采取卑劣手段。妒忌的人又很可怜，他们自卑、阴暗，享受不到生活的美好。

妒忌不知道害了多少人，毁了多少人，可是，它还是在某些人身上存在着，成为人性中最不该拥有的一部分。可悲的是人类明知道它是一个恶魔，却总是不肯放开它。而事实上，妒忌他人不仅不会让自己获得好处，对个人的发展也没有益处。相反，如果不去妒忌，那么于人于己都有利，同时也会促进个人的进步与发展。

19世纪初，肖邦从波兰流亡到巴黎。当时，匈牙利钢琴家李斯特已蜚声乐坛，而肖邦还是一个默默无闻的小人物，可李斯特对肖邦的才华却深为赞赏。

怎样才能使肖邦在观众面前赢得声誉呢？李斯特想了个妙

法：那时候在钢琴演奏时，往往要把剧场的灯熄灭，让全场一片黑暗，以便使观众能够聚精会神地听演奏。

李斯特坐在钢琴面前，当灯一灭，他就悄悄地让肖邦过来代替自己演奏。观众被美妙的钢琴演奏征服了。演奏完毕，灯亮了，人们既为出现了这位钢琴演奏的新星而高兴，又对李斯特推荐新秀的行为深表钦佩。

人生在世，要保持一颗平静和睦的心，一定不要心怀妒忌。别人所有的，我们不要心存妒忌，应该平静地看待别人所取得的成功。放下心中的妒忌，自己就会愉快。

妒忌就像一道枷锁，会将一个人牢牢拴住，让人不但得不到什么好处，反而会跌进痛苦的深渊。妒忌对生活、人生、事业都会产生消极的影响，所以，聪明的人要看到自己的长处，懂得扬长避短，寻找和开拓有利于充分发挥自身优势的新领域，这样就能在一定程度上补偿以前没能满足的欲望，减少以及消除对别人的妒忌心理。

放下妒忌，使自己心情愉悦，用平和的心来面对生活，就可以在有限的生命里让自己活得更舒心、更愉快。

相信自己，不必对成败过于在意

自卑是一种消极的自我评价或自我意识。一个自卑的人常常会低估自己的形象、能力和品质，总是拿别人的优点来和自己的缺点对比，认为自己事事不如人，从而丧失自信，悲观失望，不思进取，甚至沉沦。

其实，不论一个人有多么优秀，或多或少都有自卑心理。要知道，人无完人，每个人身上都有缺点或是不足，只要觉得自己有不完美的地方，就会产生自卑的感觉。但是，一定要将自卑控制在一定范围之内，如果让它成为生命的主宰，那就只会变成它的奴隶。所以，我们要放下自卑，相信自己，充分认识自己的长处，找到自信，让自信照亮人生。

农夫家养了一只小黑羊和三只小白羊。三只小白羊非常骄傲，因为它们有雪白的皮毛，因此它们对那只小黑羊不屑一顾：

"你看看你自己，像什么啊，黑不溜秋的，跟锅底一样。"

"依我看呀，它身上的毛就像炭灰。"

"我觉得更像盖了多年的旧被褥，脏兮兮的。"

不但三只小白羊不喜欢它，就连农夫也看不起小黑羊，总是把最差的草料给它吃，看它不顺眼了就对它抽上几鞭。小黑羊总觉得自己是寄人篱下的可怜虫，它很自卑，觉得自己不够漂亮，还脏兮兮的，连自己都认为比不上那三只小白羊，常常伤心地独自流泪。

这一天，天气很不错，小白羊和小黑羊就一起到外面去吃草，不知不觉，它们已经走得很远了。不料寒流突然袭来，下起了鹅毛大雪，又刮着风，它们都觉得很冷，就躲在灌木丛中相互依偎着……没多久，灌木丛和周围积满了厚厚的雪。这时它们才打算回家，可是雪太厚了，根本没法行走，几只羊只好挤在一起，等着农夫来救它们。

农夫看到天气突变，便立刻上山寻找，但雪下得很大，四处都是白茫茫的。农夫正在着急地四处张望，这时突然发现远处有一个小黑点，便赶紧跑过去。到那里一看，果然是他那濒临死亡的四只羊羔。

农夫抱起小黑羊，感慨地说："多亏了小黑羊，不然，羊儿可能要冻死在雪地里了！"

这个故事告诉我们，不要总是盯着自己的缺点，任何事物都有自己的可取之处。况且，凡事都不是绝对的。鱼儿虽然没有翅膀，却在水里自由自在；雄鹰虽然没有强健的四肢，却可以在天空任意翱翔。我们的缺点，有时反会激发出另一方面的优势。只要自己调整好心态，就可以坦然地面对一切。

不管做什么事，首先要对自己充满信心，相信自己一定能行。一个有自信的人喜欢不断尝试，为了自己的梦想，他们会尝试许多次，就算遭遇失败也不后悔；一个充满自信的人能够从失败中吸取教训，让自己做得更好；一个自信的人在任何时候都能坦然地接受失败，他们懂得：只有经受失败的锤炼，才能收获真正的成功。

被人们称为"全球第一CEO"的美国通用电气公司前首席执行官杰克·韦尔奇曾有句名言："所有的管理都是围绕'自信'展开的。"凭着这种自信，在担任通用电气公司首席执行官的20年中，韦尔奇显示了非凡的领导才能。韦尔奇的自信，与他所受的家庭教育是分不开的。韦尔奇的母亲对儿子的关心主要体现在培养他的自信心。因为她懂得，有自信，然后才能有一切。

韦尔奇从小就患有口吃症。说话口齿不清，因此经常闹笑话。韦尔奇的母亲想方设法将儿子这个缺陷转变为一种激励。她常对韦尔奇说："这是因为你太聪明，没有任何一个人的舌头可以跟得上你这样聪明的脑袋。"于是从小到大，韦尔奇从未对自己的口吃有过丝毫的忧虑。因为他从心底相信母亲的话：他的大脑比别人的舌头转得快。

在母亲的鼓励下，口吃的毛病并没有阻碍韦尔奇在学业与事业上的发展。而且，注意到他这个弱点的人大都对他产生了某种敬意，因为他竟能克服这个缺陷，在商界出类拔萃。美国全国广播公司新闻部总裁迈克尔就对韦尔奇十分敬佩，他甚至开玩笑说："杰克真有力量，真有效率，我恨不得自己也口吃。"

韦尔奇的个子不高，却从小酷爱体育运动。读小学的时候，他想报名参加校篮球队，当他把这一想法告诉母亲时，母亲便鼓励他说："你想做什么就尽管去做好了，你一定会成功的！"于是，韦尔奇参加了篮球队。当时，他的个头几乎只有其他队员的四分之三。然而，由于充满自信，韦尔奇对此始终都没有丝毫的觉察，以至几十年后，当他翻看自己青少年时代在运动队与其他队友的合影时，才惊奇地发现自己几乎一直是整个球队中最为弱小的一个。

在培养儿子自信心的同时，母亲还告诉韦尔奇，人生是一次没有终点的奋斗历程，你要充满自信，但无须对成败过于在意。

有些人表面上看自尊心很强，对于来自各方面的"轻视"非常敏感，实际上是缺乏自信心。同样一件微不足道的小事，在真正有自尊心的人看来没什么大不了，却会强烈刺激自卑者的感情。

爱默生说过："有史以来，没有任何一件伟大的事业不是因为自信而成功的。"一个人拥有了自信，就等于为成功做好了准备，而自卑会对我们自身的发展造成很大的障碍。因为凡是自卑的人，意志一般都比较薄弱，遇到困难时容易退缩，外事小心翼翼，缺少面对困难的勇气。他们还会怀疑自己的价值，缺乏安全感。

自卑还会给人际交往带来一定的负面影响。因为自卑的人容易情绪低沉，常会因怕对方瞧不起自己而不愿与人来往，而人际交往中的困惑又容易让他走进死胡同。要记住，自卑是成功的大敌，应该尽自己最大的努力克服，否则，就会给自身的发展带来负面影响。因此，我们要放下自卑，让自信照亮人生。

放逐焦虑，平心静气地去处理一切

可以说，焦虑情绪普遍存在于每个人的工作和生活中。它表现为由于对某件事情担忧、牵挂等而产生心情烦躁不安，所担忧的事经常也不是客观存在的危险，而是未知的事或是某种目的。焦虑的人常常处于惴惴不安之中，毫无凭据地预感将来会发生什么不幸的事情。往往会使自己魂不守舍，烦躁慌张，情绪低落。

多年前，王先生靠着向亲戚朋友借来的钱创办了一家电脑软件公司。

由于充分地了解了市场，再加上自己的聪明才智，所以他的公司发展得很快。一年以后，公司就取得了不俗的业绩，规模也随之扩大。一直以来，公司发展的宗旨都是稳中求胜，在同行内也有了一定的知名度，王先生自己对公司的未来充满了信心。

由于公司处于高科技领域，随着信息技术发展迅速、竞争形势的不断上升，王先生感觉自己的压力越来越大。在一次大型招标会上，他原本以为凭着公司的实力，应该是志在必得，没想到竞争中冒出了一个更强劲的竞争对手将项目夺走了，这对王先生的自信心是很大的打击。面对竞争，一种强烈的危机感在他心中滋生，一向做事有条不紊、镇静自如的他开始被一种挥之不去的焦虑感所困扰。

他在这种焦躁感的逼迫下，开始对公司的员工施加压力，要求他们经常加班，恨不得公司上下都只是干活而不需要休息；总是大会、小会不断地讨论公司的各种发展计划，对公司的策略发展方案也是不断进行改动，希望能够在短期内出成效；对所有员工苛刻地要求，不允许任何人犯错——王先生努力用百分百的要求打造出百分百的公司竞争力，让公司在竞争中立于不败之地。

令他不解的是，这所有的努力并没有得到他想要的结果。在他吹毛求疵的苛刻要求下，整个公司的创新力受到了致命的打击，大家不求有功只求无过。另外，他的焦躁情绪为整个公司蒙上了紧张的气氛：工作的时候，员工们如惊弓之鸟，生怕由于小小的失误而受到斥责。

在汇报工作时，各个高管尽量都用美化的词语去报告工作，而不敢提出工作过程中真实存在的缺陷与危机。更让他想不到的是，公司有几名核心骨干由于受不了他的"高压"政策而辞职，整个公司的发展受到了严重影响。

王先生的这种焦虑，在现代社会中相当普遍。如今，生活节奏越来越快，更多的人感到焦虑不安。人们似乎是比以前更富裕了，但现在的生活似乎更压抑、紧张了。物质的进步是有代价的，那就是精神上的焦虑不安。

我们被焦虑困扰，是因为我们自己不放开它，总是让自己为生活，为工作而焦虑，最终陷入其中不能自拔。其实，我们应该知道自己在做什么，应该怎样去处理当下的问题，将注意力集中在当前的事情上，顺其自然，过些日子，就会发现，焦虑已经被时间带走了。

容易产生焦虑和苦恼的人，总是遭遇否定，使自己变得很自卑、很无奈。他们总希望有一种积极、快乐的心态来面对工作和生活，希望能获得快乐。那么，怎样才能真正地放下焦虑呢？

面对现实

在现实生活中，每个人都有自己的理想和抱负，对未来都充满了憧憬。但是，这种愿望应该建立在实际的、力所能及的基础上。在挫折和失败面前，调整自己的生活目标，客观地评价事物、评价自己，在积极向上、努力进取的同时，拥有一颗坦然面对成功与失败的平常心，这样才能使自己心情舒畅。

宣泄法

这是一种将内心的压力排泄出去，以促使身心免受打击和破坏的方法。通过宣泄内心的郁闷、愤怒和悲痛，可以减轻或消除心理压力，避免引起精神崩溃，恢复心理平衡，对不良情绪的疏导与宣泄来说是一种好办法。

不过这种宣泄应该是建立在合理的基础上。简单的打砸、吼叫、迁怒于人，找替罪羊（丈夫、妻子、孩子、同事）或发牢骚，说怪话等都是不可取的。宣泄应是文明、高雅、富有人情味的交流。

注意力转移

当与人发生争吵时，可以马上离开这个环境，去打球或看电视；当悲伤、忧愁的情绪发生时，可以先避开某种对象，不去想或遗忘掉；在余怒未消时，可以通过运动、娱乐、散步等活动，使紧张的情绪松弛下来。此外，有意识地转移话题或做点别的事情来分散注意力，可使情绪得到缓解。

漫漫人生路，有很多事情会一直压着我们，让我们喘不过气，抬不起头，但我们一定要学会摆脱压力，放逐焦虑，平心静气地去处理一切。柳暗花明之后，你也许会感叹生活原来如此简单。

不要想得太多，生活就会轻松许多

　　面对事情时，很多人都会顾虑重重，担心自己做不到或者做不好。其实，可以这样想：我们无法办到的事情，有时别人也不一定能办得到。有时看起来很难的事情，我们可能比别人做得还要好。这样一想，内心就会宽慰很多。事实上，凡事都可以想办法解决。在困难面前，不要顾虑，先抛开困扰自己的杂念，直接去行动，就会发现，也许事情并没我们想象的那么难。

　　曾经有多少机会就在我们眼前，因为顾虑重重，犹豫了一秒钟，它便成了泡沫；曾经有多少瞬间可以让自己拥有美好，因为顾虑，不敢向前迈一步，它便成了生命中一道无法抹平的悔恨；曾经有多少……所以说，有时我们根本不需要担心太多，考虑太多。放下顾虑，就能保持前进的步伐。

　　有一天，摩拉独自在一条小道上走着。小道远离闹市，非常偏僻。走着走着，太阳就下山了，黑夜来临。他忽然感到害怕，因为他看到不远处有一群人。他想："这些人肯定不是好人，一定是暴徒、盗贼，周围没有其他人，只有我一个人。怎么办呢？"正在这时，他发现了一道墙，于是他翻过这道墙，发现自己来到了一个墓地。那儿有一个新掘的坟，他就急忙爬了进去，让自己稍稍冷静一下。

　　他闭上眼睛，心想等那批人走了以后，他就可以继续走了，但那批人也看到了他。后来摩拉突然越过墙头，他们不禁也害怕了："这是怎么回事？有人躲在那里，莫非是在干什么见不得人的事吗？"于是，他们全都越过墙头，想看个究竟。

　　此时的摩拉更加肯定了："我没想错，我的判断是对的，他们确实是危险人物。现在没有别的办法了，我只好装死。"于是他就装死。他屏住呼吸，因为没人会抢劫或去杀一个死人。那群人翻了过来，四处查看，后来发现了摩拉藏身的地方，他们围在坟墓四周，看着他，心想：这人在干什么？他们就问："你在干什么？你为什么待在这里？"

　　摩拉小心地睁开眼睛，看看他们，最后他肯定这些人对他没什么危险，就笑着说："看，这确实是个问题，一个很有哲学意义的问题。你们问我为什么在这里，我还想问你们为什么在这里呢。我在这里是因为躲你们，你们在这里又是因为追我！"

你害怕别人，别人也害怕你，你担心的事情，别人也在担心。放下这种顾虑和胡思乱想，不要在意别人，不要想得太多，你的生活就会轻松得多。不要顾虑太多，如果你无牵无挂地生活，你的存在就能给别人带来快乐，别人就会喜欢你的存在。

一个行走的路人，某天蓦然回首：呀！原来自己已走出好远了。这是告诉我们，只要踏上路，就不要担心路的遥远了。事实上，很多事情都无须顾虑太多，放不下顾虑，就会失去观赏美景的机会，错过一份美好的回忆。

有一位年轻人，他大学毕业以后，和几位朋友创办了一家小型电子商品销售公司。可是因为没有经验，对市场缺乏了解，一年之后，他们的公司只好被迫宣布破产。因此，年轻人不得不背负大笔的债务。

为了还债和生活，他只好暂时进入一家船舶公司，做一名普通的线路检修员。可是祸不单行，工作了没多长时间，他的右脚就被船甲板上的铆钉扎伤了。

他带着伤病又离开那家公司，在家里休息疗伤。他觉得自己事事不顺，情绪消沉极了。朋友们去探望他，总会见到他床头的烟灰缸里塞满了烟蒂。他之前不是这样的。

别人都鼓励他应该振作起来。然而，他总是苦涩地一笑，并心灰意冷地说："如果当初我没那么莽撞，就不会陷入这种窘迫的局面。如果我当初没选择到那家船舶公司打工，自己的脚也就不会被扎伤了。"朋友们又劝他再找找其他工作试试，他又担心自己干不好，对什么都是顾虑重重。

后来，一位残疾老画家举办了一个画展。朋友们叫他一同前去，顺便散散心。当时，他的脚伤还没好利索。

在展厅里，他们都被那些气势磅礴的山水画作深深打动了。参观完画展之后，他们有幸见到了那位残疾老画家。他是一位年逾七旬，双腿截肢，坐在轮椅上的老人。

他们跟老画家开心地聊了起来。老画家的性情很直爽，也很健谈。当他听了那个年轻人的"不幸"遭遇之后，竟爽朗地笑起来。

后来，老画家认真地说："刚才，从你的谈话里，知道你遇到很多挫折，受过不少打击，因此你现在小心翼翼，对什么都是顾虑重重，不敢去做。可如果你老是怕这怕那，还怎么能够往前走啊。"

老画家继续笑着说："依照你的口吻，如果当初我遭遇车祸，就消极，看不到希望，就不敢往前走，那估计就没有我现在的成就了。"一番话说得年轻人有些不好意思了。

那位老画家意味深长地说："其实在十多年前，我刚遭遇车祸时，也曾有过这种绝望的念头，当时不知道自己还能干什么，觉得干什么都很难，也有很多顾虑。但是后来，我意识到这种念头只能使自己陷入更加悲观的窘地。于是，我便选择了学画。面对生活中遭遇的不幸，我们应该以果断的勇气对待，抛开顾虑。只要你努力地去付出，就一定会有所收获！"

他们都被老画家的话打动了。

不久，年轻人进入一家专业对口的电子公司做销售。他兢兢业业地工作，后来被提升为业务经理，每年的薪水高达数十万。

把时间、心智和精力浪费在顾虑上，这是人们在生活中经常犯的一个错误。许多患得患失的想法，会让我们浪费掉很多机会，错失掉很多时间，而当我们发现时，机会已经失去，年华已经老去，我们也变得碌碌无为，最终一事无成。所以，抛弃那些没有必要的担心吧，只要是经过合理的考虑后认定了的事情，就放手去做，去实施，下定决心，抛开私心杂念，成功一定就在不远的地方等着你。

抛开急躁情绪，保持一颗平静的心

急躁不仅会使人思想上失去冷静，心理上失去平衡，更会使人在遇到事情时不用心思考。看到什么，听到什么，就认为是什么，从而失去正确的判断。可在现实生活中，我们总是太过于急躁，太急于求成。其实，一个人真正的成熟是要懂得放下急躁。

能够放下急躁的人具有深沉的耐力，行事不会仓促，不会为情绪左右。放下急躁，我们才可以学会淡泊，才能够品味生活的细节。淡泊不是什么都无所谓，它是空中的一轮明月，在寂寞的深夜，我们依然会感受到它灵动的光辉。淡泊更非冷漠，它是山间飘过的清风，无论事实如何沧桑，它依然会为我们展现其优美。

有一个人去边远的陌生村庄买了满满一车西瓜，用拖拉机拉着去城里卖，希望能赚上一笔。

山路弯弯曲曲、坑坑洼洼的，他对这一带不熟悉，又急着赶路，所以想找一条好走的路，于是他便向路边的一位农夫打听，走多久才能走出这条曲折的山路。

"别着急，慢慢走，再过十分钟就能到大路了。"老农答道，后来他又提醒："但如果快速赶路，将会耗费你很多时间，甚至白赶路了。"

"这是什么歪理论啊？简直是胡说八道！"这个人没有理会老农的话。

问完路，他逃命般地提速前进。不料还没走多远，车轮就被石头撞上，满载西瓜的车猛烈地摇晃起来，西瓜滚到地上不少。由于车速的冲击力太大，轮胎也被锋利的石头尖划破。

这个人心想，真是倒霉，西瓜赔本先不说，还要修补撞坏的轮胎。折腾了大半天，总算修好了。他把没有摔坏的西瓜装上车，可以开动了，此时他却累得无法动弹了。他疲惫地爬回驾驶席上，想快点赶路都不能了。

此时，他想起农夫的话，才恍然大悟。于是，在剩下的一段路上，他小心翼翼地开车慢行，不一会儿就到了大路，只不过那个时候，天已经黑了。

如果不是因为他太急躁，就不会把车撞坏，也不会受半天累，还错过了卖瓜的时间。可见，有时急躁不但不能很好地解决问题，还会使问题越来越糟。

所以，我们要认识到急躁的危害并加以克服。在现实中，急躁的人容易带来一些不良的后果：

一是浮光掠影，挂一漏万。如看书时，有的人一目十行，但事后一回忆，却不知道看了些什么；

二是骑虎难下，陷入尴尬的境地。一些人说起风就是雨，一旦听到个新想法，就忽略主客观条件，鲁莽行事，也不做冷静、全面的利弊分析。结果多是半途而废，甚至让自己下不了台；

三是常感情用事，出言不逊，不顾人家的自尊心，而使人际关系难以和谐；四是给自己造成不愉快、烦躁的心理，影响身心健康。

世界是复杂的，不可能都按个人的意愿发展，任何一件事都可能受到多方面因素的制约，光靠"急"是解决不了问题的，反而会事与愿违。因此，要冷静地思考，慎重地决定，分析各种可能遇见的情况，耐心地处理。如果条件暂时不成熟，一是尽可能创造条件；二是要耐心等待。

在生活中，也要放下急躁的心情，保持一颗平静的心，才会少走弯路。

一天傍晚，一位年轻姑娘带了很多东西坐公共汽车回家。好在坐车的人不多，她就把东西放在旁边的座位上。等她到站的时候，正赶上下班的高峰期，车站的人潮一齐向车门涌来。她一看这阵势，就着急地拿着大包、小包急匆匆地下车。汽车的喇叭声，车站嘈杂的人声，像一锅煮沸的粥。她只想早点下车，离开这些嘈杂，早点回家休息。刚下汽车的一瞬间，隐约听到车上一个老人好像是叫她："姑娘，等一下！"她一想车上没有人认识她，估计是叫别人的。于是，头也没回就匆匆走了。

到家清点物品的时候才发现，自己的手提包丢了。一定是丢在车上了，里面有钱包、手机，更糟糕的是她的户口簿也在里头。当时要买房子，户口簿刚从家里寄过来，还没来得及放下就丢了。

她一下子不知所措了，花了好长时间看好的房子，这下购房协议也签不了了，还要花时间回家处理户口簿的事情——补办可是非常麻烦的啊！

她就责怪自己，怎么这么不小心，为什么要急着下车。突然，她想起下车的时候，听到一个老人叫姑娘。

一定是老人发现自己的包落下了。可是，自己没有回头就匆忙地下车了，她问自己究竟在着急什么呢？

后来她郁闷地度过了一天。

隔天上班的时候，她接到了一个让人喜得近乎晕厥的电话——是那个老人打过来的，说提包在她那里，让姑娘过去取。

"当时，我在车上叫了你很多次，你很着急，就是没回头！"老人在电话那头有点责怪的意思说。

其实，这位姑娘只要放下急躁的情绪，回头看一下，就可以给自己减少很多烦恼，可是她并没有这样做。所以说，很多时候，不是生活让我们急躁，而是因为我们自己。

急躁者做事很容易虎头蛇尾。做事时，不但要有良好的开头，还要有满意的结尾，因此，保持善始善终可以克服急躁。急躁的时候，还要懂得正确地暗示自己。心情急躁时，如果对自己进行消极暗示，只会雪上加霜，更加急躁。所以，应该对自己采取积极的暗示，对自己说这是正常现象，同时多回想一些以前经历过的美好情景和值得回忆的事情，就能缓解急躁的情绪。

如果你因为某件事或某个人而感觉心情烦躁，就不要强迫自己再去想了。这时不妨看看电视、听听音乐或者读读好书。这不是浪费时间，实际上是"磨刀不误砍柴工"，这样，你急躁的情绪会很快得到缓解和放松，就可以更好地做自己该做和想做的事。

面对过去，不要沉溺其中

如果你不小心丢掉100块钱，只知道它好像丢在某个你走过的地方，你会花200块钱的车费去把那100块找回来吗？我们说，当然不会。可是，相似的事情却在生活中不断发生。做错了一件事，明知自己有问题，却怎么也不肯认错，反而去花加倍的时间来找借口，实在是不明智。

所以说，面对过去，不要沉溺其中，而要学会放下。我们可以把那些经历的苦难放在心底或者在脑海中寻找一个合适的空间封存起来，就像电脑中储存起来的文件，当我们需要使用的时候，再把它打开，不必要每时每刻让它运转。

我们不能让自己的情感、思维一直停留在过去的地方，不能只为过去活着，不能总是背着过去的包袱。我们的记忆也应该像一个筛子，经常把经历的苦难筛掉，留下那些美好的回忆，快乐地享受现在的日子。

有人说，过去永远不可能忘掉，这就和一个人的影子一样。但也有人说，当你站在阴暗的路灯下，自己的影子会吓着自己；当你站在阳光下，自己的影子会是那么的渺小；当你跳出影子的世界，昂首眺望远方，怎么还会看到自己的影子？

学会忘记，才能有信心面对现在的生活。一切经历和苦难，只是人生的过程，一定不是结果。当我们放下经历的精神枷锁，苦难就会淡淡地远去。

可是，过去并非说放下就能放下。当一件不好的事情发生时，我们总习惯叹息"假如当初……"其实，"假如当初"这种想法一开始就是个错误，因为，凡事没有绝对的对或错。假如我们选择了一条路，就无法确定如果选另一条路的结果会如何。假如当初我们做的是另外一个决定，那样或许就会更好吗？不一定，没有什么是绝对的。

想过吗？当我们说"早知道"的时候，就表示之前并不知道。既然是不知道，又能怎么选择，我们又怎么对一件根本不知道的事作判断？

既然我们不是先知，无法预料下一时刻将要发生的事情，那么，我们的人生就不免会有很多遗憾和困苦。虽然这些都是无法避免的，但我们却可以决定自己要受苦多久。那么，既然决定权在自己，为什么我们总要让自己苦上个十天半月，甚至好多年还不肯"放下"呢？

忘记过去的种种不快，给自己一个全新的开始，我们便会从未来的朝阳里看见另一处成功的契机。

有个泰国企业家，他把所有的积蓄和银行贷款全部投资在曼谷郊外一个备有高尔夫球场的15幢别墅里。但没想到，别墅刚刚盖好时，时运不济的他却遇上了金融风暴，别墅一间也没有卖出去，连贷款也无法还清。企业家只好眼睁睁地看着别墅被银行查封拍卖，甚至连自己安身的居所也被拿去抵押还债了。

情绪低落的企业家，完全失去了斗志，他怎么也没料到，从未失手过的自己，居然会陷入如此困境。他承受不起此番沉重的打击，在他眼里，只能看到现在的失败，更不能忘记以前所拥有过的辉煌。

有一天，吃早餐时，他觉得太太做的三明治味道非常不错。忽然，他灵光一闪——与其这样落魄下去，不如振作起来，从卖三明治重新开始。

当他向太太提议从头开始时，太太也非常支持，还建议丈夫要亲自到街上叫卖。

企业家经过一番思索，终于下定决心行动。从此，在曼谷的街头，每天早上大家都会看见一个头戴小白帽，胸前挂着售货箱的小贩，沿街叫卖三明治。

"昔日的亿万富翁，今日沿街叫卖三明治"的消息，很快地传播开来，购买三明治的人也越来越多。这些人中有的是出于好奇，也有的是因为同情，更多人是因为三明治的独特口味慕名而来。

从此，三明治的生意越做越大，企业家很快走出了人生困境。

他之所以能失而复得一个如此明媚的今天，是因为在曾经的失败向他挑战时，他没忘记先将身上的灰尘拍落，然后再轻轻松松地与之应战。

的确，终日想着那些不幸的经历和已经走错的路途，只会更加剧我们自身的伤痛，也只会让我们对未来的看法越来越悲观。忘掉它们，把那些痛苦的过往从记忆中逐出，就像把一个盗贼从自己家逐出一样。

要知道，人生不可逆转，时光不能倒流。在过去的长河中我们难免留下了遗憾，偶尔回头去想想那些经历过的失误，也许对我们以后的人生、心态、行为，会有一些纠正和指引。但若沉溺于当初的痛苦之中无法自拔，只会停止我们前进的脚步。

所以，请从记忆中抹去一切使我们消沉、痛苦的事情，只有把这些放下了、忘记了，我们才能重新开始人生。对于那些不幸的经历，唯一值得去做的，就是彻底将它们埋葬。

第四章

难得糊涂是一种
更高的生活境界

每一次的忍耐都是为了下一次的机会

苏轼在《留侯论》中说："古之所谓豪杰之士者，必有过人之节，人情有所不能忍者。匹夫见辱，拔剑而起，挺身而斗，此不足为勇也。天下有大勇者，卒然临之而不惊，无故加之而不怒，此其所挟持者甚大，而其志甚远也。"

在生活和工作中，我们总会遇到各种各样的困难、委屈和困惑。在有些情况下，真的需要我们去学会忍受和等待。忍耐不是要放弃我们的目标和原则，而是"以退为进"的等待——等待天空的雾退去，等待前进的时机，等待生活变得更美好……因此，忍耐并不是一味退缩，而是在忍耐中等待时机。对于做大事的人来说，忍耐是成就事业必须具备的基本素质。

小刘的传奇般的发家史被同行炒得沸沸扬扬，版本众多，他自己也毫不避讳："其实我是刷马桶出身。"

第一天应聘时，小刘忐忑不安地走进老板的办公室："你好，我叫刘××，今年刚毕业……"话还没说完，老板头都没抬一下："出去！出去！我们不要刚毕业的！"小刘当时感觉喉咙好像被石块堵住了一样，但他仍小心翼翼地说："虽然我刚毕业，但是我挺有天分的……"老板粗暴地打断了他，高声地说："出去！出去！我们的员工个个都有天分！出去……"

小刘马上拿出作品放到桌面上，老板扫了两眼，感觉还有点意思，就耐着性子对小刘说："我们这里是无纸化办公，要求熟练操作电脑。"小刘连连说："我会，我会电脑！"软磨硬泡之下，老板答应试用他几天。没过几天，老板又走过来请小刘走人，原来老板看出他只是会点皮毛。

如此三番五次的"摧残"，换了别人早就打退堂鼓了，偏偏小刘是个天性倔强的孩子，他决心"赖"在这家公司不走了。

有人曾对他说过：在这个竞争激烈的地方，光有自尊心是不够的。一个人只有战胜自己的恐惧和小小的面子，才能真正立足。

小刘表示，他只想学电脑，不要公司的任何报酬，只要管他吃住就可以了，并且每天为公司打扫卫生。老板最后开了个苛刻的条件，必须负责每天打扫公司的卫生间，包括刷马桶。

小刘答应了，于是他开始在公司利用所有的机会"偷艺"。直到1999年7月，他独自完成某别墅群的规划，设计费为200万元人民币。这时的小刘已经很老到了，上学时他的风景水粉画功底此时也大大地派上了用场。客户看了小刘的设计图纸后赞不绝口，痛痛快快地将尾款全部划到了公司账上。

几年之后，小刘带着积攒的50万元开了一家属于自己的装饰公司。

重提过去那段往事，小刘称刷马桶的经历实属上帝"负面的恩典"，他会抱着感恩的心去看待这段往事。

小刘的故事告诉了我们一个成功的"秘密"——所谓能耐，就是能够忍耐。

懂得忍耐的人就得品尝先苦后甜的味道，因为忍耐是保存实力、等待时机、重新崛起的缓兵之计。一时的冲动往往改变不了现状，而忍耐却可以后发制胜。况且，人这一辈子总要遇到点挫折，在夜晚忍耐黑暗就是为了迎来绚丽的黎明，在严冬忍耐寒冷就是为了得到春天的温暖。

孟子也曾说过："天将降大任于斯人也，必先苦其心志，劳其筋骨，饿其体肤，空乏其身。"能在各种困境中忍耐是一种能力，而能在忍耐中等待，更是一种本领。

一家大公司某个重要部门的经理要离职了，董事长决定重新找一位德才兼备的人坐这个位置，但所有面试的人都没有通过董事长的"考试"。这次，有位30多岁的留美博士前来应征，董事长却通知博士第二天凌晨3点去他家考试。这位博士准时到达，按了董事长家的门铃，但是一直没有人来开门。他只好在门外等着，一直到8点钟，董事长才开门让他进去。

考试的内容也是董事长口述。董事长轻松地问他："你会写字吗？"博士说："会。"于是董事长拿出一张白纸说："请你写一个字，就是白饭的'白'字。"他很快写完了，却没有了下一题，就疑惑地问："这样就行了吗？"董事长静静地看着他，回答："对！就这些，考完了！"博士很是纳闷，这是哪门子的考试啊？第二天，董事长在董事会上宣布，这个年轻的博士通过了考试，而且是一项严格的考试！

董事长解释道："一个如此年轻的博士，他的聪明才智与学问不是问题，因此我的考试会更难。"随后又解释说："首先，我考他的牺牲精神。我要他牺牲休息时间，凌晨3点钟来参加公司的应考，他做到了；我又考他的忍耐，要他空等5个小时，他又做到了；我又考他的脾气，看他是否能够不发飙，他都做到了；最后，我考他的谦虚，我只考一个5岁小孩都会写的字，他也认真地写了。一个人拥有博士学位，又有牺牲的精神、忍耐、好脾气和谦虚的个性，这样德才兼备的人，还有什么可挑剔的呢？所以我决定录用他！"

　　每个人都希望事业有成，当你立志要大干时，不妨先放下身段，学会适时的忍耐。其实，走向成功不只靠渊博的学识，更重要的是个人的气度。一些小的细节，往往会左右每个人未来的成就。

　　人的一生，有着太多的事情需要去忍耐，不是什么事都可以马上去实现，也不是什么话都可以随便说。人自从出生那天起，就要经受痛苦、磨难、绝望、泪水，承受过了，才会明白什么是幸福、快乐。不管别人怎么说，你只管走你自己的路。不管别人做了什么，给自己带来了怎样的伤害，你都得昂首阔步向前走，因为我们每一次的忍耐都是为了下一次的机会。

　　要知道，绚丽生活的背后一定少不了对委屈和暂时困难的忍耐，所以，一定要对美丽的彩虹有所等待，在忍耐中等待时机。因为生活多数是在不美丽中等待美丽，而忍耐本身也是一种美丽。

懂得隐忍之道，莫要冲动

　　谚语云："万事皆因忙中错，好人半自苦中来。"想要有所成就，必须观察时机，等待机会，不可冲动行事。承受苦难是一种承担，一种等候，也是对自己的考验。在困难、屈辱面前，要能够隐忍，一旦时机成熟，必然水到渠成。从古到今，许多成大事者都在忍耐失败后寻找机会，继续向成功迈进。

　　小不忍则乱大谋。忍方能成其事，忍方能遂其业，不能忍者无大成。隐忍不是软弱，更不是懦夫行径，这样的人才是真正具有大智、大仁、大勇的人物。有人以为凡事忍耐，承认过错及甘心受罚便是懦夫，事实上，在权衡自身条件尚无绝对优势时，暂时的隐忍做人是必要的。而有勇无谋，表面上的不受屈辱，往往才是真正的懦夫。

　　在现代社会，懂得隐忍之道同样重要。生活在这个充满竞争的年代，每个人的压力都很大。人在一生当中会遇到很多问题，如果能忍一忍，并学会控制自己的情绪和心志，以后即使碰到大的问题，自然也能忍受，也自然能忍到最好的时机再把问题解决。如果不能忍耐，每天都率性而活，那么永远都无法成就大事业。

有一位年轻人毕业后被分配到一个海上油田钻井队工作。在海上工作的第一天，领班要求他在限定的时间内登上几十米高的钻井架，把一个包装好的漂亮盒子拿给在井架顶层的主管。

年轻人抱着盒子，快步登上狭窄的、通往井架顶层的舷梯。当他气喘吁吁、满头大汗地登上顶层，把盒子交给主管时，主管只在盒子上面签下了自己的名字，又让他送回去。于是，他又快步走下舷梯，把盒子交给领班，而领班也是同样在盒子上面签下自己的名字，让他再次送给主管。

年轻人看了看领班，犹豫了片刻，又转身登上舷梯。当他第二次登上井架的顶层时，已经浑身是汗，两条腿抖得厉害。主管和上次一样，只是在盒子上签下名字，又让他把盒子送下去。年轻人擦了擦脸上的汗水，转身而去。

当领班第三次让他把盒子送给主管的时候，年轻人终于开始愤怒了。他尽力忍着不发作，擦了擦满脸的汗水，抬头看着那已经爬上爬下了数次的舷梯，抱起盒子，步履艰难地往上爬。当他上到顶层时，浑身上下都被汗水浸透了，汗水顺着脸颊往下淌。他第三次把盒子递给主管，主管看着他慢条斯理地说："把盒子打开。"

年轻人撕开盒子外面的包装纸，打开盒子——里面是两个玻璃罐：一罐是咖啡，另一罐是咖啡伴侣。年轻人终于无法克制心头的怒火，把愤怒的目光射向主管。主管又对他说："把咖啡冲上。"此时，年轻人再也忍不住了，"啪"的一声把盒子扔在地上，说："我不干了。"说完，他看看扔在地上的盒子，感到心里痛快了许多。

这时，主管站起身来，直视他说："你可以走了。不过，看在你上来三次的份上我可以告诉你，刚才让你做的这些叫'承受极限训练'。因为我们在海上作业，随时都会遇到危险，这就要求队员们有极强的承受力，能承受各种危险的考验，只有这样才能成功地完成海上作业任务。很可惜，前面三次你都通过了，只差这最后的一点点，你没有喝到你冲的甜咖啡。现在，你可以走了。"

也许你会说，你不会从事海上作业，所以无须承受这种极限训练，也无须学会这种痛苦的忍耐。如果你有这种想法，你就大错特错了。是的，忍耐大多数时候是痛苦的，因为忍耐压抑了人性。但是，成功往往就是在你忍耐了常人所无法承受的痛苦之后，才出现在你面前的。要想成功，学会忍耐、不冲动是你的必修课。

现实生活中，可能很多时候我们都面临选择，一时的血气之勇是每个人都能做到的，而懂得忍耐，以赢得发展的时间、空间，却不是所有人都具备的素养。但是，要赢得成功，在激烈的竞争中立于不败之地，就必须要学会处事低调，隐忍做人。所以，从现在开始，就在心中默念忍道，学会"忍"术，因为你一生还有更长的路要走，还有更大的目标等着你去实现，莫让当下毁于冲动。

学会控制情绪，不要喜怒形于色

人有七情六欲，所以，喜怒哀乐成了我们生活中的交响曲。或者可以说，因为有了喜怒哀乐，我们的生活才会丰富多彩。

人不可能毫无表情，每一种表情都代表着一种心情，一种内心的想法。正因为如此，我们要学会隐藏自己，不能喜怒都形于色。不管心里有怎样的波涛在起伏，都不要表现出来。这样做的原因大致有以下两个：

其一，心里的事是我们自己的，让别人来一同承受是不公平的；

其二，表现得过火，会让别人觉得太浅薄，没有"心机"，什么事都沉不住气。

要做到喜怒不形于色，确实不是一件简单的事情，它要求我们在生活中做到得意而不忘形，愤怒而知自控。

在三国时期，诸葛亮去他未来的岳父家。他的太太叫阿丑，据历史记载，她是长得非常丑的一个女人，但是很有智慧。诸葛亮去他岳父家里的时候，由于那时的女子是不能出来见客的，于是阿丑便躲在屏风后面。诸葛亮在外面跟他的岳父谈军事，谈政治，谈未来，谈理想，谈人生。阿丑看到诸葛亮谈到孙权时眉开眼笑，谈到曹操则面色沉重。等诸葛亮走的时候，阿丑出来送他，并送了一把扇子给他。

诸葛亮说："为什么送把扇子给我呢？"

阿丑说："我看你跟我父亲谈话，谈到孙权时眉开眼笑，谈到曹操就面色沉重，所以把这把扇子送给你。从今以后，当你开心或不开心的时候，就把扇子放在脸上挡住你的表情，不要让旁边的人看见你的情绪。"

有智者说，适度地隐藏自己的思想和情绪是智慧的体现。如何将"喜形于色"变通为"不动声色"，如何将浅薄、简单，练就为胸有成竹，学会隐藏情绪是必须做到的第一步。所以，我们要学会隐藏自己的情绪，不但在得意时不能忘形，愤怒时也需要学会控制情绪。当然，这有一定的难度，说来简单做来很难，但这是一种修为，对我们日后的处世很有好处。

当我们遇见事情的时候，要稳如泰山，这样就更容易获得他人对你的尊重。

作为世界女子网坛的知名选手萨芬娜，在世界女子网坛排名第一，但每每决战时刻却总是自我缴械，多少让人有些迷惑不解。

这是因为萨芬娜在心智上还不够成熟，赛场上常充斥着萨芬娜沮丧、失落、愤怒摔拍的非理性场景。因为萨芬娜没有很好地控制自己的情绪，在罗兰加洛斯，萨芬娜曾被塞尔维亚美少女伊万诺维奇直落两盘。后又在澳大利亚网球公开赛上仅坚持1个小时就倒在了小威拍下，接着是0比2不敌同胞库兹涅佐娃。同样被横扫，萨芬娜得到了三个亚军银盘，这让对手都为萨芬娜感到惋惜。

"她给自己施加了太多压力。"库兹涅佐娃说，"而我只是走进赛场，这只是另一场比赛。"库兹涅佐娃在决赛前后都表现冷静，萨芬娜又何尝不想如此。决战前，萨芬娜甚至还在有意给自己减压："我已经是世界第一，没有人能从我这里把它夺走，这让我轻松了不少。"但是，年轻的萨芬娜还是没能控制好自己的情绪，再次与大满贯冠军无缘。

确实，没有一定的知识和阅历的支撑，我们很难做到喜怒不形于色。然而，隐藏自己，喜怒不形于色却是我们必须要学会的生存之道。在复杂社会中生活的我们，要懂得隐藏自己，控制自己的情绪，才能不辜负当下的各种努力。否则，过分的张扬只会为自己在成功之前招来不必要的麻烦，让自己当下的努力毁于喜怒形于色的情绪。

凡事从大处着眼，不必非要分个明白

水至清则无鱼，人至察则无徒，凡事都想争个明白，无论什么都看不惯，身边的人没一个能容得下，无异于孤立自己、远离人群，造成自己与他人、与周围环境格格不入的局面。所以说，做人不可太较真，不必凡事都争个明白，否则就会使自己陷于被动。

要明白，人与人之间存在各种差异，出现矛盾实在是在所难免。聪明的人都懂得求同存异，小矛盾先忍，不过分与人争执。这样不但容易获得别人的好感，缓和紧张的气氛，而且一些难题、冲突，往往也会因此"柳暗花明又一村"。

事物由于其特性，在不同人的眼中所展示出来的是不同的形态。当我们因为某物或者某事发生争执甚至大动干戈时，可能只是因为我们站在了不同的角度，可争论的后果却是难以估量的，所以，很多事情根本没必要非要分个明白。

一天，颜回去街上办事，见一家布店前围满了人。他上前一问，才知道是买布的跟卖布的发生了纠纷。只听买布的大嚷大叫："三八就是二十三，你为啥要我二十四个钱？"颜回走到买布的跟前，施一礼说："这位大哥，三八是二十四，怎么会是二十三呢？是你算错了，不要吵啦。"买布的仍不服气，指着颜回的鼻子说："谁请你出来评理的？要评理只有找孔夫子，错与不错只有他说了算！走，咱找他评理去！"颜回说："好。孔夫子若评你错了怎么办？"买布的说："评我错了输上我的头。你错了呢？"颜回说："评我错了输上我的冠。"

于是二人找到了孔子。孔子问明了情况，对颜回笑笑说："三八就是二十三啊！颜回，你输啦，把冠取下来给人家吧！"颜回从来不跟老师斗嘴。他听孔子评他错了，就老老实实地摘下帽子，交给了买布的。那人接过帽子，得意地走了。

对孔子的评判，颜回表面上绝对服从，心里却想不通。他认为孔子已老糊涂，连这么简单的问题都弄不清楚。

孔子看出了他的不满，说："我说三八二十三是对的，你输了，不过输个冠；我若说三八二十四是对的，他输了，那可是一条人命啊！你说冠重要还是人命重要呢？"颜回恍然大悟，说："老师重大义而轻小是小非，学生还以为老师因年事高而欠清醒呢。学生惭愧万分！"

　　孔子之所以说三八二十三是对的，是因为他清楚，这个问题没必要争得太明白，说明白了反会伤害到别人。其实生活中有些事情，就好比三八到底是多少，没必要去争，自己心知肚明就可以了。

　　一面肉眼看起来很平的镜子，在高倍放大镜下，也会显出凹凸不平；肉眼看来很干净的东西，拿到显微镜下，满目都是可怕的细菌。同理，凡事都想争个明白，就不能容人，就不会有伙伴和朋友。要记住，生活中有时是不需要太明白的。

　　在生活和工作中有不少场合，你不能太认真，更不能较真。相反，避开风头和锋芒或反其道而行之，矛盾反会迎刃而解，气氛会很快改变，达到新的和谐。做人不要太较真，也不要太认死理，这正是有人活得潇洒的原因所在。

　　人非圣贤，孰能无过？与人相处就要互相谅解，经常以"难得糊涂"自勉，求大同存小异，有肚量，能容人，你就会有许多朋友，且左右逢源，诸事遂愿；相反，"明察秋毫"，眼里容不得半粒沙子，过分挑剔，什么鸡毛蒜皮的小事都要论个是非曲直，有理不饶人，无理辩三分，人家也会躲你远远的，最后，你只能关起门来"称孤道寡"，成为使人避之唯恐不及的异己之徒。

　　古今中外，凡是能成大事的人都具有一种优秀的品质，就是能容人所不能容，忍人所不能忍，善于求大同存小异，团结大多数人。他们极有胸怀，豁达而不拘小节，凡事从大处着眼而不会目光如豆，从不斤斤计较，纠缠于非原则的琐事，所以他们才能成大事、立大业，使自己成为不平凡的伟人。

不过，要真正做到不较真、能容人，也不是简单的事，需要有良好的修养，需要有善解人意的思维方法，需要从对方的角度设身处地地考虑和处理问题，多一些体谅和理解，就会多一些宽容，多一些和谐，多一些友谊。

在鲜花和掌声面前保持一颗平常心

常言道："虚心人万事能成，自满人十事九空。"自满是成功的大敌，在通往成功的道路上，每当实现了一个目标时，绝不应骄傲自大，而是要继续迎接新的挑战。把曾获得的成功当成下一个成功的起点，从而到达崭新的人生境界。这里就涉及一个空杯心态。那么，什么是空杯心态呢？

从前有一位有名的南隐禅师。一天，一个佛学造诣很深的人前去拜访他。进门的时候，他的态度很是傲慢，心想：我是佛学造诣很深的人，你哪有资格与我一起谈论佛理？老禅师十分恭敬地接待了他，并亲自为他沏茶。这个人喋喋不休，以显示自己的渊博。

南隐禅师默默无语，继续沏茶，可是在往杯子里倒水时，明明杯子已经满了，老禅师还是不停地倒。

这个人不解地问："大师，为什么杯子已经满了，还要往里倒？"

大师说："是啊，既然已经满了，为什么还倒呢？"

禅师的意思是，既然你觉得自己已经很有学问了，为什么还要到我这里求教？

这个故事象征的意义是：如果想学到更多的学问，就要随时对自己拥有的知识和能力进行清理，也就是要把自己想象成一个空着的杯子，随时从零开始，而不是骄傲自满。

我们从小就学习了"虚心使人进步"，只是学的东西越多，受的教育越高，很多人就慢慢忘却了这句话。当今社会，人们更多是在关注自己得到了什么，怎么才能更好地抓住现在拥有的，再去得到更多。但如果总是抓住过去的不放，不能随时给自己归零，还怎么去迎接新的挑战和成功呢？

当然，"空杯心态"并不是要你一味地否定过去，而是要怀着否定或者说放空过去的一种态度，去融入新的环境，对待新的工作，新的事物。

闻名世界的超级巨星，球王贝利，是一位不断创新的足球天才。

每一次触球，每一记传球，每一回盘球，贝利总能为球迷带来一些前所未有的镜头。凭借对射门良机的敏锐把握，洞察绝妙传球的犀利目光和传奇般的盘球技艺，贝利成了最优秀的足球运动员。

在二十多年的足球生涯里，贝利参与过1364场比赛，共踢进1282个球，并创造了一个队员在一场竞赛中射进8个球的纪录。超凡的技艺不只令万千观众心醉，而且常使球场上的对手拍手称绝。

贝利不只球艺高超，而且谈吐非凡。当他个人进球记录满1000个时，有人问他哪个球踢得最好？贝利笑了笑，意味深长地说："下一个。"回答既含蓄又耐人寻味，就像他的球艺一样精彩。

对我们每个人而言，永远不要把过去看得很重要，永远要从现在开始，迎接新的胜利。当"归零"成为一种常态，一种延续，一种不断的努力时，也就完成了个人职业生涯的全面超越。

空杯心态就是忘却胜利，随时从零开始。当你被赞扬包围时要警醒，在鲜花和掌声面前要保持一颗平常心。

任何人都有自己的不足之处，空杯心态就是要求你正视自己，弥补自己的不足，继续前行。

人生是一场盛宴，绝不只是一道好菜。如果因为取得了一点小成绩就骄傲自大、沾沾自喜、半途而废，是不会有更大的成就的。

福特汽车公司历史悠久，早在20世纪初便成了世界上最大的汽车公司之一。它的创始人亨利·福特是世界上唯一享有"汽车大王"美誉的人，他不但给美国装上了车轮子，甚至可以说，他将人类社会带入了汽车时代。

福特创办了福特汽车公司。依靠吸收过来的杰出管理专家和机械专家，使福特公司闻名世界。取得巨大成就以后，福特开始忘乎所以，沉醉于自己取得的成就。以为公司的成功都是自己的功劳，逐渐听不进别人的意见，使众多优秀人才纷纷离去。

随着美国经济的迅速发展，人们的需求也发生了巨大改变，可他依旧生产以前的旧车型。旧车型不仅颜色单调，而且耗油量大，排气量大，完全不符合时代发展的需求。此时，其他几家公司则紧跟市场需求，制定了正确的战略规划，生产节能低耗、小型轻便的汽车。

福特公司开始每况愈下，濒临破产。1945年，老福特的儿子小福特接过了危难中的公司。他重新聘请了一批管理精英，重整旗鼓，使公司起死回生，再次达到新的高峰。但取得成就以后，小福特没有吸取老福特的教训，总认为自己是至高无上的，搞得公司内人人自危。20世纪80年代初，小福特不得不黯然离开福特公司。

无论是老福特还是小福特，他们都曾取得了巨大成就，但却因为过多沉醉于昨天的成就，而导致了最后的失败。要知道，昨天的成就并不是奋斗的终点，而是向下一个成就奋斗的起点。两代福特都没有认识到这一点，结果让自己毁于昔日的成就。

同样，有些人一旦取得一点成绩就沾沾自喜，把自己放在一个与众不同的位置，整天陶醉在过分良好的自我感觉中。殊不知，对于更大的成绩来说，既有的成绩也只是一个起点。抱着已有的成绩不去努力，结果，常常会因为承受不了"高度"带来的眩晕而重重地摔下来。

生命有限，人生的价值却可以没有终结，让我们把自己的每一步都看作是新的起点。这样，我们就可以从容地面对生活，真正做到宠辱不惊、得失泰然。

在荣耀显赫时持有一份应有的清醒与冷静，以免让自己的成绩成为我们继续攀升的负担和阻力。唯有如此，我们才能创造更加辉煌的成绩，拥有更加辉煌的人生。

丢掉包袱，给自己减负

我们总在埋怨世界给予的太少，让我们承受的太多，其实，一切负担都是自己给自己的。沉重的包袱，压得我们喘不过气。然而，人要懂得爱惜自己，如果一个人连自己都不爱惜，那还有什么资格要求快乐幸福。爱惜自己就要放下包袱，让自己获得轻松。要知道，有时候之所以感觉累，是因为我们的生命之舟承载太多，所以，不要什么都留恋，累了，就给自己减负。

有一个富翁感觉生活中没有快乐，于是，他决定到外面寻找快乐。他背着重重的金银财宝走遍了千山万水，游遍了各处的名山大川，仍然没有感觉到快乐。

他沮丧地坐在山道旁，看到一个樵夫背着一大捆柴从山上走下来。于是他问樵夫："我是一个令人羡慕的富翁。为什么我没有快乐呢？"樵夫放下肩上沉重的柴，舒心地擦了一把汗说："快乐很容易，我放下背上的柴就觉得快乐！"

富翁明白了，自己背负着沉重的财宝，总是害怕别人抢或遭人暗算，整天忧心忡忡，怎么会有快乐呢？

没有谁可以拥有整个世界，对于不应该属于我们的，暂时不需要的，要勇敢地放弃。以前的种种经历可以成为我们以后的借鉴，但不可因此背上包袱，给自己增加负担，因为我们还要继续前行。丢掉曾经的失败、哭泣、荣誉，才会轻松上路，才会越走越快乐。

不要为了赚钱而生活，不要只想着挣更多，要明白，钱是赚不完的。况且，赚钱是为了更好地享受生活，赚钱的同时也不要忽略享受一下生活。

迷人的黄昏海滩上，有一位老翁，每天坐在同一块礁石上垂钓。无论运气怎么样，钓多钓少，两小时的时间一到，他便收起钓具准时回家。

一个年轻商人对老人古怪的行为产生了极大的好奇。有一天，当老人准备离开的时候，他走过去问老人："当你运气好的时候，为什么不一鼓作气钓上一天？这样一来，收获岂不是比现在多！"

"钓那么多鱼用来干什么？"老者平淡地反问。

"可以卖钱呀！"年轻人觉得老者有点傻。

"卖了钱之后，用来做什么呢？"老者仍平淡地问。

"你可以买一张网，这样就能捕更多的鱼，卖更多的钱。"年轻人迫不及待地说。

"有了那么多的钱来干什么？"老者还是那副无所谓的神态。

"买一条渔船，出海去，捕更多的鱼，再赚更多的钱。"年轻人认为应该替老者规划一下。

"赚了钱再干什么？"老者仍是无所谓的样子。

"组织一支船队，赚更多的钱。"年轻人心里直笑老者的愚钝不化。

"赚了更多的钱再干什么？"老者已经收拾好东西了。

"开一家远洋公司，不光捕鱼，而且运货，浩浩荡荡地出入世界各大港口，赚更多更多的钱。"年轻人眉飞色舞地描述道。

"赚了更多更多的钱还干什么？"老者的口吻依旧是那么平静。年轻人被这位老者的态度激怒了，没想到自己反倒成了被问者。"当然是为了享受生活！"

这时老人笑了："我每天钓上两小时的鱼，其余的时间嘛，我可以看看朝霞，欣赏落日，种种花草蔬菜，会会亲朋好友，我觉得现在已经很享受生活了。"说话间，收拾好自己的物品，扬长而去。

　　放下沉重的包袱，轻松上路，美好的人生在等待我们。否则，痛楚、失落、迷茫等包袱就会重重地压着我们，我们最终会埋葬在痛苦的深渊，不得解脱。人生有很多的不完美，我们可以去追求完美；人生也有很多的缺憾，我们可以坚强地奋斗，不留遗憾。在追求的路上，我们要放下包袱，给自己以轻松，才会到达理想的彼岸。

　　不要被太多的欲望拖着，不要总以为自己拥有的还不够，有些东西别人有而自己没有。整日迷失在自己制造的种种需求中，就会被压得喘不过气。丢掉包袱，给自己减负，生命之舟才可以轻松出航。

第五章

退后一步，

海阔天空

争论不能够完全避免，但要懂得适可而止

本杰明·富兰克林说过："如果你总是争辩、反驳、也许偶尔能获胜，但那是空洞的胜利，因为你永远得不到对方的好感。"

争论的结果一般来说只会是两败俱伤。很多时候，人们争论无非就是要让别人相信自己的观点，可别人相信了你的观点，你占了上风，又能怎么样呢？事实就是事实，即便是对方错了，也没必要立刻改正，或许某天、某句话、某件事，会让对方猛然认识到：原来是我错了。争论后，让对方认同自己的观点，对方即使口服，但心里也不会服气。争论只会增加对方对我们的反感，使彼此的关系疏远，因此要停止争论，因为越占上风越孤单。

不要觉得为小事争论没什么，有时，如果双方都不懂得适可而止，矛盾就会越来越大，到了无法驾驭自己怒火的地步，便可能做出不理智的事情。

在法国发生了这样一件事：

阿兰·马尔蒂是法国西南小城塔布的一名警察。一天晚上下班后，他身着便装来到市中心的一间烟草店门前。他准备到店里买包香烟，然后再回家。这时，店门外一个叫埃里克的流浪汉向他讨烟抽。马尔蒂说他身上没烟了，正要进商店买烟。埃里克看马尔蒂还算是一个脾气温和的人，以为待会儿他买了烟后会给自己一支。

当马尔蒂买烟出来时，喝了不少酒的流浪汉就硬缠着他要烟。马尔蒂认为他喝多了，就不给他，于是两人发生了争执。随着互相谩骂和嘲讽的升级，两人的情绪逐渐激动。马尔蒂掏出了警官证和手铐，说："如果你不放老实点，我就给你一些颜色看。"埃里克反唇相讥："你这个混蛋警察，看你能把我怎么样？不就是和你要一支烟吗，小气鬼！"后来，二人扭打成一团。

旁边的人赶紧把他们分开，劝他们不要为一支香烟而发那么大火。马尔蒂不服气地说："我凭什么给你烟，你个酒鬼。"流浪汉也不示弱："你以为就你有吗，现在你送我我都不要。"

流浪汉骂骂咧咧地向一条小路走去，他边走边喊："臭警察，有本事你来抓我呀！"马尔蒂心想：你还骂我，难道你骂的还不够吗？流浪汉的骂声让马尔蒂失去了理智，他拔出枪，朝埃里克连开四枪。埃里克倒在了血泊中……法庭以"故意杀人罪"

对马尔蒂做出判决，他将服刑30年。

　　一支香烟，引起一场不必要的争论，最后两败俱伤。因此说，不要觉得小争论不会伤害到谁。事无绝对，对方想占个上风，自己就停止和他争论。要知道，智者懂得以退为进，懂得争吵只会让结果越来越坏。停止争论，才是智慧的休战符。

　　很多人发生争吵，可以说大都是类似一支香烟这样的小事。归根结底，是人们无法控制好自己的情绪。然而，人和动物的本质区别就是人有理智，那么，为什么不学学理智地控制自己的情绪呢？得理不让人向来不受人待见，何况是无理狡三分？但无论你有理还是没理，争吵永远无法解决本质问题，而你越占上风，别人越觉得你盛气凌人，不愿再接近你，你就越被孤立，越孤单。

　　在一次宴会上，卡尔学到了一个极有价值的教训。

　　卡尔去参加一个宴会，宴席中，坐在他右边的一位先生为了活跃气氛，讲了一段幽默笑话，并引用了一句话。那位先生说这句话出自《圣经》。卡尔知道他错了，他非常清楚正确的出处，没有一点疑问。

　　为了表现自己，卡尔就告诉那位先生，那句话不是出自《圣经》。那人立刻反唇相讥："什么？出自莎士比亚？不可能，绝对不可能！那句话就是出自《圣经》。"那位先生坐在右边，卡尔的老朋友弗兰克·格蒙在他左边，他研究莎士比亚的著作已经好多年了。于是，他们俩都同意向格蒙请教。格蒙听了，在桌下踢了卡尔一下，然后说："卡尔，这位先生没说错，这句话是出自《圣经》。"

回去的路上，卡尔对格蒙说："弗兰克，你明明知道那句话出自莎士比亚而不是《圣经》。""是的，我当然知道。"他回答，"《哈姆雷特》第五幕第二场。可是亲爱的卡尔，我们是宴会上的客人，为什么一定要证明他错了呢？那样会使他喜欢你吗？为什么不给他留点面子？他并没问你的意见啊！他不需要你的意见，为什么要跟他争论？我们应该永远避免跟人家发生正面冲突。"

那个教训对卡尔的影响非常深刻，因为卡尔性格率直。小时候和家人，在很多事情上都争论不休。进入大学，卡尔又选修逻辑学和辩论术，也经常参加辩论赛。从那次之后，卡尔听过、看过、参加过、也批评过多次的争论。这所有的一切，使他得到一个结论：天底下只有一种能在争论中获胜的方式，那就是停止争论。

通过争论，你不可能完全胜利。因为如果争论的结果是你输了，当然你就输了。问题是，即使你赢了对方，其实你依然是输。为什么这么说呢？因为你的胜利是以打败对方，让对方自己承认错误结束。因此，就算争论中你赢了，你可以得意扬扬，但你伤了对方的自尊，会让他惭愧。他会怨恨你的胜利，因此也就不会和你成为朋友。正如我们前面所说，几乎所有的争论，都会使参加的双方更加坚持自己的观点，而不管在表面上是否占了上风。而事实上，在争论中没有赢家。

在生活中，争论不能够完全避免，但要懂得适可而止，特别是那些毫无意义的争论，对争论双方都有害无益。也许你能说会道，伶牙俐齿，交际口才出众，但最好还是要避免继续争论下去，及时停止争论。

懂得快乐生活的人，并不一味地争强好胜

一位学者说过，会快乐生活的人，并不一味地争强好胜。在必要的时候，宁肯后退一步，做出必要的自我牺牲。其实，遇事只要退一步去想、去做，说不定就会柳暗花明，晴空万里，更会让你摆脱"只缘身在此山中"的局限，避免让自己成为笼中鸟的悲哀。

邻里之间，抬头不见低头见，彼此发生不愉快，也没必要争强好胜，互不相让。退后一步，换一种方式解决问题，大家就会冰释前嫌。

牧场主和猎户是邻居。牧场主养了一群羊，猎户家养了一群凶猛的猎狗。猎户的猎狗经常跳过栅栏袭击牧场主的小羊羔，牧场主几次请猎户把狗关好，但猎户不以为然，虽口头上答应，可

没过几天，他家的猎狗又跳过来胡作非为，好几只小羊都被咬伤。

牧场主忍无可忍，就去找镇上的法官做主。听了他的控诉，明理的法官说："我可以处罚那个猎户，也可以发布法令让他把狗锁起来。但这样一来，你就失去了一个朋友，多了一个敌人。你是愿意和敌人做邻居呢，还是和朋友做邻居？"

"当然是和朋友做邻居。"牧场主说。

"那好，我给你出个主意。按我说的去做，不但可以保证你的羊群不再受骚扰，还会为你赢得一个友好的邻居。"法官和牧场主低声谈论了一会儿，之后牧场主开心地离开了。

到家以后，牧场主挑选了三只最可爱的小羊，按照法官的意见，送给猎户的三个儿子。看到洁白温顺的小羊，孩子们如获至宝，每天放学都要在院子里和小羊玩耍嬉戏。因为怕猎狗伤害到儿子们的小羊，猎户做了个大铁笼，把狗结结实实地锁了起来。从此，猎户的猎狗再也没有骚扰牧场主的羊群。

为了答谢牧场主送羊羔给儿子，猎户开始送各种野味给他，牧场主也不时用羊奶酪回赠猎户，渐渐地，他们成了好邻居。

其实，两家并没有什么深仇大恨，退后一步，不要针锋相对，关系就可以得到改善。作为邻居，关系和睦利大于弊。古人说，退一步海阔天空，只要退后一步，从另一个方面看问题，可能又是另外一个境界。

《菜根谭》有语云："人情反复，世路崎岖。行不去处，须知退一步之法；行得去处，务加让三分之功。"大概意思是说，人世间，人情冷暖，世事无常，人生的路也是崎岖不平，不如意的事情时常伴随在身边。因此，当你遇到困难或前路行不通的时候，必须要明白退一步的为人之道。即使你的事业和生活都处在顺境中，没什么阻碍，也不要得意忘形，应随时保持让人三分的胸襟和美德。

歌曲《六尺巷》给观众留下了深刻的印象。那么，这条巷的来历到底是怎样的呢？

清朝康熙年间，有个大学士名叫张英。一年，张英家要盖房子，地界紧靠邻居叶家。叶秀才提出要张家留出一条路以便出入，但张家提出，他家的地契上写明"至叶姓墙"，现在按地契打墙没什么不对，即使要留条路，也应该两家都后退几尺才行。

这时张英在京城为官，老家的具体事务就由老管家处理。这位老管家觉得自己是堂堂宰相家的总管，况且这样建墙也有理可依，而叶家只是一个穷秀才，于是挨着叶家墙根砌起了新墙。这个叶秀才是个倔脾气，一看张家把墙砌上了，咽不下这口气，就把张家告上了县衙，两家打起了官司。

两家势力悬殊，而且张家也不是无礼，很多人都为叶秀才担心，怕他吃亏，劝他早点撤诉，但叶秀才就是不听，坚持把官司打下去。张家管家一看事情闹大了，就连忙写了封信，把这事告诉了张英。不久，就接到了张英的回信。信中只有四句诗："一纸书来只为墙，让他三尺又何妨。万里长城今犹在，不见当年秦始皇。"

管家看了信，觉得很惭愧，就告诉叶秀才，张家明天就拆墙，后退三尺让路。叶秀才根本不相信张家会这么做。管家就把张英这首诗给叶秀才看。叶秀才看了这首诗，十分感动，连说："宰相肚里好撑船，张宰相真是大度量啊。"

第二天一早，张家就把墙拆了，还后退了三尺。叶秀才看了很是感动，就把自家的墙拆了，也后退了三尺。于是张、叶两家之间就形成了一条百来米长六尺宽的巷子，被称为"六尺巷"。两家不仅化解了纠纷，还为过路的行人留下了一条六尺宽的通行巷道，大大方便了百姓。如今，这六尺巷已成了和睦谦让美德的见证。

人情无常，世路崎岖。人生在世，临事让人一步，自有余地；临财放宽一分，自有余味。退一步是前进中的曲折，退一步是过程而不是目的。只要你能够退一步，勇于退一步，乐于退一步，就能拥有更广阔的天地。

不能弯曲的树易折，不懂弯曲的人常败

人生在世，不如意的事有很多。面对各式各样的压力，我们要懂得适当弯曲。弯曲就是在生命不堪重负的情况下，像轻柔的小草和坚韧的雪松那样适时地低一下头，躬一下腰。只有这样，才不会被压垮。就像人们常说的，做人要能伸能屈。因为，不能弯曲的树易折，不会弯曲的人常败。适当地弯曲，才能步履稳健，重新挺立，一路走好。

只要稍加注意，就会发现生活中弯曲无处不在，弯曲无处不需。如果一个人做人懂得弯曲，就算是暂时的退却，也是一种以退为进的策略。如果一个人做事懂得弯曲变通，就算是暂时做得不周全，最后也会终将事成。

要知道，生活中的弯曲，并不是低头，更不是投降，而是一种和谐的美，是富有弹性的生活艺术。

一个成熟的人，要懂得适时弯腰。成熟的稻谷之所以弯腰，是因为它孕育了丰收的果实；成熟的人弯腰，不是示弱，不是乞怜，而是一种仁慈之心的体现，是适时适宜地对他人的理解、对他人的体贴、对他人的谦逊、对他人的关怀、对他人的敬重以及对他人的宽容。

一位留美计算机博士毕业后找工作。原本以为有个博士头衔，求职的标准当然不能低。结果，他连连碰壁，好多家公司都没录用他。想来想去，他决定收起所有的学位证明，以"最低身份"再去求职。不久，他就被一家公司录用为程序输入员。虽然这份工作对他来说很容易做，但他仍然干得认认真真，一点儿也不马虎。

不久，老板发现他能看出程序中的错误，不是一般的程序输入员可比的。这时他亮出了学士证，老板便给他换了个与大学毕业生相称的工作。又过了一段时间，老板发现他时常提出一些独到的有价值的建议，远比一般大学生要强。这时他又亮出了硕士证书，老板见后又提升了他，让他处理更难的问题。

再过了一段时间，他对公司的长远发展提出了独到的见解。老板觉得他还是与别人不一样，就找他谈话，此时他才拿出了博士证书。这时老板对他的水平已有了全面的认识，毫不犹豫地重用了他。这位博士最后获得的职位，也就是他最初理想的目标。

虽然直线进取失败了，但是他转了一个弯，最终找到了适合自己的位置。

这就是聪明人的做法——先自降身份，甚至让别人看低自己，然后寻找机会，全面地展现自己的才华，让别人一次又一次地对他刮目相看。相反，如果刚开始就让人觉得你很了不起，对你寄予厚望，可随后的表现让人一次又一次失望，结果会被人越来越看不起。

在大多数情况下，别人对你的期望值越高，越容易看出你的平庸；如果别人本来并不对你抱有厚望，你的成绩总会容易被发现，甚至让你一鸣惊人。

在生活中，我们需要适当地弯曲一下，要明白，做人做事需要一点弹性空间。遇到承受不了的压力时，一味地硬挺，只会让自己很疲惫。适当地弯曲一下，人生从此就会轻松很多。

生活中难免有各种各样的压力和烦恼，这才是真实的生活。适当的压力可以转化为人生奋进的动力，然而过大的压力我们将无法承受。遭遇这样的境地时，要学会弯曲，将压力化解、释放，否则会身心疲惫。

一堆巨石被山洪冲到草地上，把一棵小草压在下面。小草为了继续生长，再次呼吸到清新的空气，享受到温暖的阳光，就改变了原来的生长方向，沿着石间的小缝隙弯弯曲曲地探出了头，最终冲出了乱石，再次沐浴在阳光下。

　　要明白，弯曲不是妥协，而是战胜困难的一种理智的忍让。弯曲不是倒下，而是为了更好、更坚韧的挺立，这就是弯曲的力量。对智者而言，它是一种弹性的生存方式，是一种生活的艺术和境界。弯曲不是自我毁灭，而是以退为进，是为了让生命在逆境中锻炼得更坚强。学会弯曲，在厄运面前，就能以快乐的态度去面对。

　　学会弯曲，也就学会了用更高的智慧去看清人世的沧桑，学会了如何更好地保护自己。适时弯曲，是调整心态的智慧，会得到意外的收获。懂得弯曲，就会适当地看轻自己，从而给自己赢得更多的机会。

如果改变不了环境，就主动适应环境

很多时候，我们都喜欢假设，假设当初能再坚持一下、假设第一次创业没有失败……如果这些假设都能够成立，那么这个世界一定会变得非常完美。遗憾的是，人生不过是一张单程票，所有走过的、经历过的都已成为不可更改的事实和历史。就像我们打扑克的时候，无论抓到的是一手好牌还是烂牌，都要想办法，发挥出最高的水平去赢。要知道，只有勇于接受生活真相的人，才能成为真正的强者。

经常观看全美职业篮球联赛的人都知道，黄蜂队有一位身高仅1.60米的运动员，他就是博格斯——NBA最矮的球星。即便是对普通的男人来说，身高1.60米也是一种缺憾，但博格斯却接受了自己的身材矮小这个无法改变的事实，毫不气馁，自信而努力地在"长人如林"的篮球场上竞技，并且跻身大名鼎鼎的NBA球星之列。

从小就喜爱篮球运动的博格斯，因天生身材矮小，在一起玩球的伙伴们都瞧不起他。有一天，博格斯很伤心地问妈妈："妈妈，难道我就这样长不高了吗？"妈妈鼓励他："孩子，你会长得很高很高，只要你努力，你一定会成为大球星。"从此，长高的梦像天上的云在他心里飘动着，每时每刻都在闪烁希望的火花。

博格斯一直苦练球技，虽然自己的身高不如其他队员，但每次自己所在的队伍总是赢球，博格斯也逐渐成了球队的明星。然而，"业余球星"根本不是自己的篮球理想，博格斯的野心更大了，他想进入NBA，但是面临着更严峻的考验——1.60米的身高能打好职业赛吗？博格斯横下一条心，个儿矮也能闯天下。"别人说我矮，这反而成了我的动力，我偏要证明矮个子也能做大事情。"

博格斯在威克·福莱斯特大学和华盛顿子弹队的赛场上，收走了从下方来的90%的球。有人说博格斯简直就是个"地滚虎"，总能飞速地低运球过人。后来，博格斯进入了夏洛特黄蜂队（当时名列NBA第三）。在他的一份技术分析表上写着：投篮命中率50%，罚球命中率90%。

博格斯能以不高的身高名扬NBA不是靠侥幸或运气，而是个人的努力和实力。当年博格斯与肖恩·布莱德利并肩而立，高度的反差形成鲜明对比，成为NBA的宣传海报，其含义就是告诉所有热爱篮球的年轻人：来NBA，只要你有真本事，不管身高多少都能站住脚。

因此，不要抱怨上天给予自己的不够多，也不要抱怨自己的命运是如何坎坷。事实上，很多有所成就的人，比如霍金、贝多芬、海伦·凯勒，并不是因为上天多么垂青他们，而是因为他们勇于接受事实，善于改变自己以适应现实。

在还没有发明鞋子以前，人们都赤着脚走路，忍受着脚被扎被磨的痛苦。在某个国家，有位大臣为了取悦国王，把国王所有的房间都铺上了牛皮。国王踩在牛皮地毯上，感觉双脚舒服极了。

为了让自己无论走到哪里都感到舒服，国王下令，把全国各地的路都铺上牛皮。众大臣听了国王的话都一筹莫展，知道这实在比登天还难。即便杀尽国内所有的牛，也凑不到足够的牛皮来铺路，而且由此花费的金钱、动用的人力更不知有多少。

正在大臣们绞尽脑汁考虑如何劝说国王改变主意时，一个聪明的大臣建议说：国王可以试着用牛皮将脚包起来，再用一条绳子捆紧，这样国王的脚就不会忍受痛苦了。国王听了很惊讶，便收回命令，采纳了建议，于是，鞋子就这样发明了出来。

把全国所有的道路都铺上牛皮，这办法虽然可以使国王的脚舒服，但毕竟是一个劳民伤财的笨办法。那个大臣是聪明的，改变自己的脚，比用牛皮把全国的道路都铺上要容易得多。也就是说，从自身做起，改变自身，就有可能改变一切。

我们说，一个人的成长会受很多因素的影响，一个人生活的好坏与周围的环境有着直接的关系。那么，如果我们改变不了环境，就要主动地去适应环境。

用坦然的心情面对错误，勇于道歉

在日常生活中，无论做什么事，我们都希望能把它办得圆满一点，不出一点纰漏。然而，生活往往会跟我们开玩笑，使我们期望的结果不仅没有出现，反而犯了令我们悔恨的过错，有的过错甚至让我们抱憾终生。但是，我们必须明白，所有这些都不值得我们为之抱怨，为之垂头丧气。事实上，这就是生活，真实的生活。

所以，在社会生活中，在人与人之间的交往中，就让我们用一种坦然的心情去面对错误，勇于道歉。因为，即使是圣人，也有犯错误的时候。

孔子被困在陈国、蔡国之间时，没有粮食，只能吃些野菜，七天粒米未进，只好白天躺着睡大觉。颜回出去讨米，讨回来就下锅做饭。饭快熟的时候，孔子看见颜回从锅里抓起一把吃了。孔子假装没看见，过了一会儿，饭做熟了，颜回谒见孔子，并且献上饭食。

孔子站起来说："今天梦见了先君，所以，饭要干净些才好祭祀。"颜回说："不能用来祭祀了。刚才有烟灰掉进锅里，扔掉沾着烟灰的食物是不吉祥的，所以我就抓起来吃了。"

孔子叹息着说："人相信的是眼睛，可眼睛看到的是不可相信的；人依靠的是心，可心里揣度的还是不足以依靠。弟子们，记住这一条，了解一个人确实不容易啊！"

事物是复杂的，表面现象往往具有很大的欺骗性。而认识事物，我们最先接触的正是表面现象，因此，我们很容易被欺骗，也就很容易犯错误。

其实，每个人都生活在一定的关系中，谁也避免不了在人际交往时伤害别人或者被别人伤害。尽管大多数伤害是无意的，但学会道歉和学会接受道歉，仍然是打开通向原谅和恢复关系大门的最有效的钥匙。

然而，"道歉"一词在我们文化中的倾向，往往是与"错"联系在一起的，好像道歉就意味着犯了错误。更严重的是，道歉还常常被视作软弱和失败的表现，让道歉者感到失去自尊。比如说，一些夫妻在出现冲突后，双方首先想到的都是通过指责对方来为自己辩护。哪怕有些心虚，嘴上也决不肯吃亏，而是千方百计地找借口："要不是你先说……我也不会……"主动"示弱"的事，谁都不愿去做。

其实，主动道歉是一种负责任的表现。因为婚姻、家庭、同事、朋友间的矛盾和冲突都需要有人来承担责任。如果谁都不愿道歉，后果将是关系冷漠、疏远，甚至破裂。特别是在家庭中，父母或配偶"偶尔无心的伤害，全都为了爱"——这样的例子俯拾皆是。如果没有及时处理，而是任由裂痕停留在关系中，当事人难免会感到愤怒。一旦愤怒积聚成怨恨，有些人就会选择极端的方式，让伤害自己的人为他们的行为付出代价。很多家庭破裂和青少年犯罪的案例让我们想到，当初如果丈夫或妻子能给对方一个原谅自己的机会，如果伤害孩子的父母能够真诚地表示歉意，悲剧可能就不会发生了。

不过，有些人不愿意主动道歉，有可能是受了传统观念的影响，也可能是对道歉的理解存在误区，而最主要的原因，可能是不少成年人从小就没有建立起向别人道歉的习惯。

事实上，道歉不仅不会使人丢面子，而且还能帮助提升人的自尊。经常主动地道歉，明白道歉实际上是在为自己的行为负责任，并且帮助他们意识到道歉对维持良好人际关系的必要性，这些都是我们应该而且必须培养的习惯。

　　道歉的艺术虽然不那么简单，但人们可以学会，而且值得去学。当道歉成为一种生活方式的时候，我们都会得到所需要的接纳、支持与鼓励，品尝到道歉带来的益处。

不要过分追求完美，因为完美并不存在

　　一个渔夫从海里捞到了一颗珍珠，他非常喜欢。但令人遗憾的是，珍珠上面有一个小黑点。渔夫想，如果能把这个小黑点去掉的话，这颗珍珠将成为无价之宝。于是，他把珍珠去掉了一层，但是黑点仍在。再剥一层，黑点依然在。最后，黑点没有了，但珍珠也不复存在。

　　"追求完美"是一句极具诱惑力的口号，却也是一个美丽的陷阱。当我们陷进其中以后，才发现原来是一场空。

　　在追求美的过程中，往往就成了追求完美。人们坚持完美而扔掉了一些他们原本可以拥有的美的东西，但实际上，他们是不可能拥有完美的，虽然他们还在永远找不到完美的地方到处搜寻。

　　想找到完美，本是无可厚非的，然而，这种愿望落空也是经常发生的。即便是已经找到最好的，那也不等同于完美。

从前，有一个老师父和几个小徒弟住在一个寺院里。他们平平静静地生活着，与世无争，怡然自乐。日子一天天地过去了，老师父的年纪越来越大，他知道自己不久将撒手西去，于是便想找一个接班人来代替他管理这个寺院。他决定从平时表现最好的两个徒弟中选一个来接手寺院。

一天，老和尚把那两个徒弟叫到跟前，吩咐他们说："你们去后山的树林里各自找一片最完美的树叶回来给我。"两个小徒弟不知道师父这葫芦里卖的是什么药，只好领命而去。山上的树叶有很多，找片树叶应该很简单。

两人到了树林以后，一个小和尚想：这里的树叶不计其数，可是每一片树叶都是独一无二的，那到底怎么样才算是完美呢？于是望了望，拣了一片完整的、干净的树叶拿回去给师父。师父笑而不语。另一个小和尚想，这么多的树叶，要找一片最完美的，那多困难呀，不过师父交代的事情一定要办好，可不能像他那样随便找一片叶子回去交差。于是便认认真真地找了起来。

可是他找了很久，最后却空着手回去见师父。师父同样是淡淡一笑。然后，师父便问那个拣回树叶的徒弟："你拣回的这片树叶是最完美吗？"徒弟答道："是的，虽然我并不知道师父您说的完美到底是怎么样的，但是在我看来，这样的树叶已经算得上最完美了。"师父点头微笑，然后又问那个空手而归的徒弟："你也没有找到吗？"那徒弟回答道："师父，我在树林里找了很久，虽然不错的树叶有很多，可没有一片树叶称得上最完美呀！"

最后，那个拣回树叶的徒弟成了接班人。

两个徒弟都没能找到师父所说的最完美的树叶，可是第一个徒弟却拣了自己认为的最完美的树叶交给师父。就像他想的那样，每一片树叶都是独一无二的，那到底怎样才算是完美呢？其实，关键就在丁自己是怎么认为的。如果你认为是最完美的，那就是最完美的。这是一种平常心，他们应该具有的，就是这一颗平常心。

生活中又何尝不是这样呢？许多人为了追求所谓的完美，付出了很多，失去了很多，可到最后仍然没有找到完美。就像那个找不到一片树叶的徒弟一样，最后才发现，原来并没有最完美的。

可以说，遗憾与痛苦多是因为追求完美，而忽视了完美是理想化，只有欠缺才是现实的。所以说，不要过分追求完美，因为完美并不存在。

我们应该追求美，但不要追求过分的完美。向往美，是人生的理想。不追求过分的完美，则是一种理性的自觉。

曾经有一个很富有的富翁，凡事他都要求最好。

有一天他喉咙发炎，这不过是一个小毛病，任何一位大夫都可以看得好，但由于他求好心切，不轻易相信医生，一定要找到一个最好的医生来为他诊治才可以。

为了自己的小病，他花费了无数的金钱，走遍各地寻找医病高手。他一地一区地走，每个地方都告诉他当地有名医，但是他认为别的地方一定还有更好的医生，所以他又继续再找，一定要找到最好的那个医生。

好多天以后，他路过一个偏僻的小村庄，此时扁桃腺早已恶化成脓，病情变得非常严重，必须马上手术，否则性命难保。但是当地却没有一个医生。

这个富有的人，居然因为一个小小的炎症而一命呜呼，最后也没能找到他认为的最好的医生。

其实，即使是最好的医生，也是相对来说的，毕竟没有哪个医生可以医治所有的病。况且，他这个病根本没有什么大不了，可他却一味地追求完美，结果却害了自己。

人生没有完美可言，完美只是在理想中存在。生活中处处都有遗憾，这才是真实的生活。因而，人不能执着于那种对"完美"的追求之中，这样可能给我们带来更多的遗憾。

你应该追求美，应该努力做到最好，但人永远无法做到十全十美。我们面对的生活是如此复杂，没有人会从不犯错。所以，绝对不要强迫自己做一个完美的人。

一个完美的人，从某种意义上说，是一个可怜的人，他永远无法体会有所追求、有所希望的感受；他永远无法体会别人带给他一直梦寐以求的东西时的喜悦，他一直在苦苦追求，最终却无所获。

对每个人来说，都不要过分追求完美，这样做会让你过多地注意自己的不足。当你花费太多的时间关注自己的不足时，你会发现自己越来越不完美，而你则会失去宝贵的自信。不要追求完美，完美会让你丢弃那些虽不完美却有价值的东西。要想拥有更轻松的生活，就必须学会不苛求生活中的琐碎小事，不过分追求完美。毕竟，每个人都不是完美无缺的。我们越早地接受这一事实，就能早一点拥有轻松的心态。

要获得幸福感，就要最大限度地控制和降低欲望

美国著名心理学家赛利格曼提出过一个幸福的公式：总幸福指数＝先天的遗传素质+后天的环境+你能主动控制的心理力量（H＝S+C+V）。先天的遗传素质我们无法改变，后天的环境，我们则可以通过努力，得到有限度的改善。而关于幸福公式中的心理力量，则是最能被我们所掌握的。

近年来，有人提出另外一个幸福的公式：幸福=现实/欲望。在这个公式中，现实往往是一个变化不大的定值。既然现实这个"分子"变化不大，那么只有降低欲望这个"分母"，才能提升幸福这个结果，即幸福感的大小取决于欲望的高低。欲望越高，幸福感就越低，欲望越低，幸福感就越高。

卡莉身材姣好，容貌漂亮。年轻而又有资本的她每天都有不

同风格的打扮，或清纯，或时尚，或知性，或性感，同事都说卡莉简直是美丽的化身，是百变美眉。在一片赞扬声中，卡莉的虚荣心越发膨胀起来。为了打扮得更惹人注意，更增添品味，她不惜花大笔的钱去购置时尚名贵的珠宝、名牌服装、高档箱包……但是，作为一个普通小白领，卡莉的收入有限，和强烈的物质欲望不成正比，甚至已经负债累累。

一天，女友又夸卡莉的手包漂亮，符合她的气质。卡莉看到四周没人，就叹了口气说其实自己的生活很累，别人看到的只是一个光鲜亮丽的外表，实际上已超出自己的承受范围，让自己疲惫不堪。她也自我反省过，超负荷地购买名牌物品似乎也没让自己真正开心过，只是她喜欢听别人的夸奖。而欲望一旦打开，就让人欲罢不能。

女友开始并不知道卡莉透支那么多钱用来购买奢侈品，现在知道实情后，就真诚地说："卡莉，你已经够美了，即使不用名贵物品点缀。"后来，两个人就欲望和幸福感聊了很多。她们发现，如果想要的东西太多，被欲望压得喘不过气来，就没有心情去感受更美的生活。如果没有那么多欲望，让自己的节奏舒适有度，生活反而会更美好、轻松。

美国的《快乐研究杂志》中刊登了一篇十分有趣的文章，说研究人员通过长期的跟踪调查发现，男性在20多岁时最不快乐，而女性此时最为快乐。但男性随着年龄的增长，快乐感会慢慢超过女性。到了48岁，男性的总体幸福感会超过女性。

研究人员分析，年轻男性不快乐，主要是在经济状况方面不满足。年轻男性想得到的东西太多，梦想太大，欲望太盛。比如，几乎所有年轻的男性都梦想得到暂时没有能力得到的名车、别墅以及美女。但是，理想和现实总是存在巨大的落差，所以，年轻男性就会感到沮丧。

步入中年以后，男性距离自己的梦想越来越近，对自己的家庭生活和财务状况渐渐感到满意。更重要的是，中年男人经过岁月的沉淀，生活得更充实，不再像年轻时那样认为名车、别墅会给自己带来快乐，而是认为现实安慰、与孩子相处、家庭和睦才是生活的最终意义。欲望降低了，幸福感就提升了，所以中年男子比年轻男性的幸福感要强。

所以说，幸福感与欲望成反比。要获得幸福感，就必须最大限度地控制和降低欲望。只要降低一分欲望，便会得到一分幸福。

常言道："物极必反，水满则溢。"说的也是类似的道理。凡事都有一个度，超过那个度就会走向反面。所以，我们做事情就需要考虑自己的承受所及，凡事留有余地，才能让生命走得长、走得远。

快乐和幸福，其实在于内心。有人说："心有多大，舞台就有多大。"但是太大的舞台，有时并不是你所能掌控的，也并不能带给你幸福。我们要做的，就是降低不切实际的欲望，凡事适可而止，这样幸福就会水到渠成。

健康学家告诉我们，从健康角度来说，饭不宜吃得过饱，八分为最好。其实，生活和做人也是如此。遵循八分饱的尺度也是最合适的。所谓人生的八分哲学，指的是人不要有太高的欲望，把握一个合适的度，才是让别人和自己都最舒服的状态，这也是一种处世的艺术和幸福的源泉。

安贫乐道也是一种幸福

当看到高级别墅里金碧辉煌的灯光，当看到高级车驰骋而过时，你的心里是不是会生出丝丝羡慕，期望着某一天自己也能过上那种富贵奢华的生活？可能每个人都对财富与奢华的生活有种羡慕，这种羡慕可能会成为人们前进的动力，但是对富贵的过分羡慕却可能使人走上歧路，会毁了人的一生。

所以，我们要"安贫乐道"。安贫乐道是有志者所具有的一种心无旁骛、积极进取的姿态，而不是消极处世、自暴自弃。

有一次，孔子对学生们说："贤哉，回也！一箪食，一瓢饮，在陋巷，人不堪其忧，回也不改其乐。贤哉，回也！"也就是说，颜回是真的贤者。他住在荒僻的巷道里，过着极其艰苦的生活。

他盛饭用的器皿是竹子做的箪，舀水用的器具是木头做的瓢。这要是落在别人头上，则是不堪忍受的，但是颜回始终感到满足、快乐。颜回确实是个十分贤德的人啊！

我们发现，大凡胸怀大志者，大都要经过苦读苦学的漫长阶段，若不是恰巧生于富贵之家，就要忍受长时间的贫穷。而古人著书撰文或进行学术研究，既无稿酬，也无科研经费，并且若不为官，便无俸禄，即使是取得很大的成就，也未必就能以此致富。所以，"安贫"是他们所必须具备的品德，也是实现理想所必须付出的代价。而"乐道"则是他们的志向所在，是坚守自己的信念而不断努力的基石。

在这个世界上，人们总是会羡慕自己没有的东西，如同失败者羡慕成功者、丑陋者羡慕美貌者一样，穷人也免不了把富人看作是羡慕的对象。富人的生活似乎在穷人的眼中是神仙过的日子：锦衣、美食、香车、美女、别墅……这一切都让穷人羡慕不已。然而，财富带给一个人的有可能是富裕的生活，也有可能是灾难，如果你不择手段地追求财富，财富就有可能不择手段地对付你。

我们不能过分地羡慕富人，不能过分地追求财富，要明白安贫乐道也是一种幸福。富贵的生活固然很吸引人，但安贫乐道的生活也有值得羡慕之处。因为在这个世界上，财富并不是衡量人成功的唯一指标。富人虽然拥有金钱，但许多东西金钱却是无能为力的。金钱买不到幸福的生活，买不到健康的身体，买不到真挚的爱情，买不到纯真的友谊，买不到聪明智慧，也买不到长生不老。穷人虽然最缺乏的是金钱，但是没有金钱，穷人也照样可以拥有许多宝贵的东西。

生活在现实中的平凡的我们，享受安贫乐道，关注当下的生活，才是真正的幸福。安贫乐道是什么？不是以贫为安，而是在贫中能安，能在贫中坚持自己的人生信条，找到一种心灵的宁静，并以此为乐。是一个人在困窘的境地中能泰然处之，不会因为贫穷怨天尤人，心理失衡，而是依然孜孜不倦地追求自己心中的人生之道。不是摒弃钱财，不是以贫为乐，而是君子爱财，取之有道。

安是一种能力，乐是一种选择，是对自我的认可，是一种自信，安贫乐道是人在生命过程中的一个认知高度。懂得了安贫乐道的境界，我们就能享受到当下的幸福。

如果你能体会到安贫乐道的幸福，就等于在人生坐标上找到了自己的位置。能够安贫乐道，是一件值得恭喜的事情。懂得安贫乐道，你就能体会到生活的美好。

从现在开始，让我们也试着品尝安贫乐道的生活，享受当下生活的美好吧。

第六章

快乐与否，

自己决定

苦闷的理由再多，也要有颗快乐的心

人生在世，不如意事十有八九。一位著名的政治家曾经说过：要想征服世界，首先要征服自己的悲观。

在大海中迷失方向的船只，船上的人又累又饿，只要看到闪着亮光的灯塔，人们就会欣喜若狂；在沙漠中艰行而久渴的人，只要看到一丝绿意，就会感到快乐；在逆境中挣扎而伤痕累累的人，只要听到半句鼓励的言辞，快乐感便油然而生。

人有旦夕祸福，月有阴晴圆缺。人的一生不可能总是风平浪静、一帆风顺，难免会遇到各种挫折和不幸。很多人面对生活中不公平的人和事，会觉得委屈、苦闷。但是，太阳不会因为你的苦闷而不再升起，月亮也不会因为你的懊恼而早早地爬上树枝。成功者笑看挫折，纵使他有一万条苦闷的理由，也会保持一颗快乐的心，因为快乐是战胜困境的法宝。

"我的手指还能活动；我的大脑还能思维；我有终生追求的理想；我有爱我和我爱着的亲人与朋友。对了，我还有一颗感恩的心，快乐的心……"

谁能想到这段豁达而美妙的文字，竟出自一位在轮椅上生活了几十年的高位瘫痪的残疾人——世界科学巨匠霍金之手。

英国著名物理学家斯蒂芬·霍金并不是生下来就坐轮椅的。本是牛津大学公认的最有前途的学生霍金在大三那年忽然遭遇了一场极大的不幸，他发现自己身上出现了奇怪的症状——手脚逐渐变得不利索，有时候甚至会无缘无故地跌倒。在他刚满21岁的时候，人们介绍了一位专家为他诊治。专家做了各种各样的医学测试，希望能够找出病因并予以治疗。但是，除了判断出这是一种罕见的多发性硬化症，而且会继续恶化外，专家也无能为力。霍金却笑了，他说："至少我还可以说话。"

然而，上天似乎是故意磨炼意志坚定的人。1985年，霍金再次遭受了不幸的打击。他感染了肺炎，医生不得不为他进行气管切开手术，也就是在脖子及气管上直接切口形成通气孔。斯蒂芬·霍金已经经历了那么多痛苦，失去了那么多，如今又将永远失去说话的能力，他将要带着自己虚弱无力的身体，在轮椅上度过余生。

命运之神对霍金，在常人看来是苛刻得不能再苛刻了：他口不能说，腿不能站，身不能动，可他仍感到自己很富有，还有能活动的手指，能思维的大脑……这些都让他感到满足，他仍然保持一颗快乐的心，并对生活充满了感恩之心。因为有一颗快乐的心，霍金的人生充实而又快乐。

今天，霍金是世界上最著名的物理学家之一，获得了十多个荣誉学位，是英国皇家协会的特别会员，还获得了很多奖项和勋章。这就是快乐的力量。

亲爱的朋友，你还在为自己一直得不到升迁而苦恼吗？你还在抱怨爱人不懂体谅你吗？你还在为金融危机影响你跳槽内心不畅吗？和霍金的遭遇相比，你的那些问题又算得了什么呢！

人生的道路没有一帆风顺的。爱迪生和高尔基虽然失学，但仍然奋发图强，成为一代科学家、文学泰斗；托尔斯泰一生挫折迭起，但仍然看淡生活中的一切不平；居里夫人面对挫折百折不挠，两次获得诺贝尔奖……

蝴蝶在破茧之前，体态丑陋而又笨重；黎明到达的一刹那，是最黑暗的时间；伟人没有成名之前，只是名不见经传的小角色。天将降大任于斯人也，必先苦其心志，劳其筋骨。所以，很多成功人的背后，都有着比常人更艰辛的经历。但是他们有一颗乐观的心，相信这只是上天给他们的考验。

试想，如果霍金在身患重病之下，一味地抱怨生活给自己带来的不公，自暴自弃，就此堕落下去，他的生活就不会是我们现在看到的这样。但是，他没有烦躁不安，怨这怨那，而是用一颗快乐的心去享受困境，把生活中的这种"不平"化作动力，促使自己不断奋进。

一个成功的人，是一个可以随意控制自己情绪的人，而在所有的情绪中，快乐可以最大程度促进成功。所以，纵使你有一万个苦闷的理由，还是请照样拥有一颗快乐之心吧！

拥有好的情绪，有一颗时刻快乐的心

心理学家麦克斯说过，凡在逆境中打不垮的人，都是事业的成功者，也是最能保持乐观的人。如果一个人遭受失败都能泰然处之，那么，每一次的成功必然是快乐、难忘的，他的一生也不会低沉消极，他就能保持乐观的姿态。人生短暂数十载，智者看透了这点，就活出了快乐，每天拥有好的情绪，让自己的生活阳光明媚，色彩斑斓。

山里有一个以砍柴为生的年轻人，诚实勤劳，每天日出而作，日落而息。终于，经过艰辛的劳动，他有了一间可以遮风挡雨的房子。山里的邻居都为他高兴，笑呵呵地告诉他可以娶媳妇了，年轻人很是开心。

一天，年轻人挑着砍好的木柴到城里交货，当他傍晚回到家时，却发现他的房子起了火。虽然左邻右舍都来帮忙救火，但由于当时风势过大，大家拼命去救都没有办法将火扑灭，一群人只能静待一旁，眼睁睁地看着炽烈的火焰吞噬了整栋小屋。

当大火终于灭了的时候，大家同情地望着年轻人，一时不知该如何劝慰他。但是年轻人并没有号啕大哭，也没有目瞪口呆，他只是在大火熄灭的一瞬间，手持一根棍子冲进倒塌的屋里，不断地翻找着。围观的邻人以为他在翻找藏在屋里的珍贵宝物，就都好奇地在一旁注视着他的举动。过了半晌，年轻人终于兴奋地叫着："找到了！找到了！"邻人纷纷上前一探究竟，才发现他手里捧着的是一片斧刀，根本不是什么值钱的宝物。

但是年轻人异常兴奋地将木棍嵌进斧刀里，充满自信地说："只要有这柄斧头，我就可以再建造一个更坚固耐用的家。"

有人说，乐观，是漆黑的航海途中那颗闪亮的灯塔；乐观，是一望无际的沙漠中那片绿洲；乐观，是漫漫人生旅途中支撑你走下去的动力。只要拥有一颗乐观的心，就可以活出快乐，活出希望。

曾经有两名穷困潦倒的瓦工，在炎炎烈日下辛苦地建筑一堵墙。一名行路人走过，问他们："你们在干什么？"第一位瓦工头也不抬，疲倦地说："我们在砌砖。"第二位瓦工却对路人灿烂一笑，说："我们在修建一座美丽的剧院。"

八年后，第一位瓦工仍然是一个瓦工，生活仍然颠沛流离，为人砌砖成为他一生的工作。而第二个瓦工却成为一个颇具实力的建筑师，富有且享有盛誉。

为什么同是瓦工，他们的成就却有着如此巨大的差别？关键就在于心态。

从他们的回答中，我们就可以看到差别。第一个瓦工有点认命和悲观，他情绪低落，觉得砌墙很辛苦，认为自己天生就该做砌墙的工作，所以，八年后，他还是一个瓦工。而第二个瓦工的心态却非常好，他不认为自己只是个低级的瓦工，而是把砌墙当成一种艺术。正因为他有一颗时刻快乐的心，所以他能坦然地面对一切并不断激励自己，最终成为一个优秀的建筑师。

人和动物的最大区别就在于人有理智，人类可以控制自己的情绪。中医和心理学家都告诉我们，怒伤肝、忧伤肺，悲观的情绪容易使人衰老，告诫大家要拥有一颗快乐的心和良好的情绪。医学跟踪发现，快乐疗法可以让癌症病人的生命延长2~8年。所以，请保持一颗快乐的心。

世界文豪托马斯·卡莱尔曾经遭遇了这样一个故事：他辛辛苦苦写的一部手稿被侍女当成废纸在生火煮饭时烧掉了。卡莱尔发现后顿时恼怒万分，但冷静后，他反而笑了。稿子反正也回不来了，为什么只想造成事故的原因，而不去想解决问题的方法呢？于是，他开始静下心来，逐字逐句地回忆原文，并以更加出色的笔调与文采将书重新写完。

结果你可能已经猜到了。没错！这本被侍女烧掉，又被托马斯重新回忆、润色的手稿就是当时名噪法国乃至全世界的《法国大革命》，一部跨越时代的巨著。

试想，如果托马斯·卡莱尔当时没有控制好自己的情绪，对侍女大加批评和惩罚，然后失望地坐在一边想"一切都完了"，还能有《法国大革命》的诞生吗？

托马斯·卡莱尔就是一个很好的情绪控制高手，他没有被侍女的一次失误而弄得失去理智，而是冷静地找到补救措施。甚至在书稿快回忆完整的时候，他微笑地谢谢侍女烧毁了初稿，因为现在他回忆的稿子文笔更加优美、思想更加丰盈。

可以说，成功的名人与普通人的不同之处，就在于他保持了乐观的心态，凡事都往美好的一面看，从不知道失败的可怕。然而，很多人往往在经历一两次小小的挫折时，就归咎于别人给予自己的不公，埋怨责备，久而久之，就会被这种消沉击垮，导致缺乏信心，生活一落千丈，当然，也就无乐观可言了。

大海如果失去巨浪的翻滚，就会失去雄浑；沙漠如果失去飞沙的狂舞，就会失去壮观；人生如果仅求两点一线的一帆风顺，也就失去了存在的魅力。对每个人而言，都要微笑着面对失败，不要抱怨生活给予你太多的磨难，不必抱怨学习给予你太多的曲折，不要只看狭小的一面，要放眼世界，乐观些，不计较一个小小的挫折，即使挫折的次数再多，也要永不言败，微笑着面对。

可以说，一个人只要有了乐观思考的习惯和控制自我的能力，便有了克服所有艰难而获取成功的信心。做自己情绪的主人，就要活得快乐，活得开心，只有这样，才可以百倍的精力去迎接生活中的每一次挑战，顺利征服一道道关口。

无法改变环境和他人时，不妨试试改变心境

从心理机制上讲，心理暗示是一种被主观意愿肯定的假设，它可以影响我们的判断，左右我们的心情。

苏格拉底拿着一个苹果对学生们说："请大家闻闻空气中的味道。"一位学生很快便举手说"有苹果的味道"。苏格拉底走下讲台，举着苹果慢慢地从每位学生身旁走过，并要求大家仔细地闻一闻，然后苏格拉底重新回到讲台上，问："空气中有什么味道？"大家异口同声地说："空气中有苹果的味道！"苏格拉底摇摇头，然后向大家宣布：他手里拿的那只苹果是假的。

这就是心理暗示的力量。

1968年，罗森塔尔和福德两位美国心理学家来到一所小学，验证他们的"聪明鼠和笨拙鼠"的实验是否成立。他们从一至六年级中各选3个班，在这些学生中进行了一次"发展测验"。"测试"结束后，他们随机点出几个学生，以赞美的口吻称赞他们智商很高，以后将有更出色的发展，并通知了相关老师。

一年后，两位心理学家再次来到这所学校进行复试，结果名单上的学生的成绩有了显著进步，而且性格更为开朗，求知欲望更强，敢于发表意见，与老师的关系也特别融洽。

这就是著名的"罗森塔尔效应"或"皮格马利翁效应"，也有人称之为"期待效应"。

"罗森塔尔效应"告诉我们，积极的心理暗示可以更大限度地挖掘人的潜能，让一个普通的人出落成优秀的人。而消极的心理暗示则让人悲观、自卑，让一个普通的人更加平庸，甚至更加落后。

心理暗示既然这么重要，甚至可以改变一个人的前途。那么，当你无法改变环境的时候，为什么不试试改变自己的心境呢？

普希金说："假如生活欺骗了你，不要忧郁，不要愤慨；不顺心时暂且忍耐。相信吧，快乐的日子将会到来。"的确，我们无法改变天气，无法改变环境，也无法左右他人的思想。但是，我们可以改变自己的心境。要明白，太阳不会因为我们的心情而改变落山的时间，那么，何不每天保持一个愉快的心情？

　　小安是一家电视台的记者，年轻漂亮，又颇有才华，白天进行财经访问，晚上播报7点半的黄金档，一切似乎都很圆满。有一次宴会，小安不小心和她的顶头上司——新闻部主管撞衫了。撞衫事件严重得罪了主管，于是小安的节目以不适合播在黄金档为由，被改在深夜11点的新闻中播出。

　　小安当然知道这是新闻部主管给自己小鞋穿，但她已经给主管道过歉了，可主管仍然不原谅她。"既然改变不了别人的态度，不如改变自己的心境。"小安是个豁达的人，她不想因为别人的小心眼而影响自己的情绪，就欣然接受了改播安排，并说："谢谢主管，因为我早盼望6点钟下班，然后去夜校进修，却一直没有机会提。"

　　从此，小安果然每天一下班就跑去进修，并在10点多赶回电视台，预备夜间新闻的播报工作。她把每一篇新闻稿都事先详细过目，充分消化，丝毫没有任何松懈。

　　由于小安的认真和努力，她主持的夜间新闻受到了大家的好评，收视率也有了很大的提高。然后，就有观众不断写信询问，为什么小安只播深夜新闻，不播晚间新闻？不久，消息就传到了台长那里，台长找来了新闻部主管，责备了她私自调动人员，命她立刻将小安调回7点半的黄金档。

人生在世，每个人都要经过这样或那样的坎，没有谁一辈子会在无风无浪中安度一生。每个人在工作上，都不可能是一帆风顺的。打压下属的顶头上司并不少见，当领导故意和你过不去时，的确令人不快。但是，满腹牢骚有什么用呢？既然无法改变别人，不如像小安一样，改变自己的心境，去适应环境，进而赢得脱颖而出的机会。

人的心情难免会受到外在事情的影响。范仲淹写过："不以物喜，不以己悲"。而现实生活中能达到此境界的人少之又少，但这并不意味着我们注定是心情的奴隶，借用一些方法和技巧，我们完全可以左右自己的心情。

快乐与否，全看自己。身处社会，要适应不同的环境，要和形形色色的人打交道。环境不会因为我们的喜好而改变什么，别人也不可能都是我们所期望的样子。这个时候，我们无法改变环境和他人，不妨试试改变自己的心境。

能掌控情绪的人，也能掌控自己的人生

1990年，美国的两位心理学家比德·拉勒维和约翰·麦耶提出了"情商"的概念。所谓情商，就是指情绪商数，情绪智力，情绪智能，情绪智慧，也就是我们经常所说的理智、明智、理性、明理。要想掌控情绪，就要学会操纵自己的"情绪转换器"，因为只有这样，才能做情绪的主人。

你有过这样的经历吗？考试前焦虑不安、坐卧不宁；受到领导批评后恼羞成怒，羞愧难堪，不愿上班；和伴侣或朋友争吵后，气得上街乱逛，买一堆不合时宜的东西泄愤……

像上面这样的行为，偶尔出现一两次还是不要紧的，但如果经常这样，可就要小心了。因为在不知不觉中，你已经成了情绪的奴隶，陷于情绪的泥淖而无法自拔，所以一旦心情不好，就"不得不"坐立不安，"不得不"旷工、"不得不"乱花钱、

"不得不"酗酒滋事……这样做不仅扰乱了自己的生活秩序，也干扰了别人的工作和生活，丧失了别人对你的信任。

　　乔治结婚两年，和妻子一直很恩爱，日子过得非常甜蜜。但是在他们的宝宝出生后不久，乔治觉得妻子几乎忽略了他，把全部精力都投入在孩子身上。于是，慢慢地，乔治回家越来越晚，甚至夜不归宿。偶尔回到家里，听到宝贝儿子的哭闹就更觉得心烦、焦躁，恨不得把儿子的小嘴给堵住。而妻子更是说他不负责任，没有尽到丈夫和爸爸的责任。

　　次数多了，乔治越来越气愤，时常顶撞妻子，而且乱摔家里的东西。一时间，家具的破碎声，妻子的叫骂声，儿子的哭喊声响遍了乔治家的每一个角落。最后，乔治竟然对妻子大打出手，连带儿子也撞破了头。

　　伤痕累累的妻子带着受伤的儿子向法院诉讼离婚。乔治觉得非常后悔，说自己很爱妻子，请妻子不要和他离婚。但当法官问他是否可以控制自己的情绪，不再打妻子和儿子时，乔治却不能给予肯定的答复，两个人还是离婚了。

　　对于很多人来讲，"情绪"这个词相当于洪水猛兽，唯恐避之不及。父母对孩子说："不要闹情绪，要好好吃饭。"领导常常对员工说："上班时间不要带着情绪。"妻子常常对丈夫说：

"不要把情绪带回家。"……这些话都表达出人们对情绪的恐惧及无奈。

坏情绪是美好的天敌，它让你莽莽撞撞，冲动愚蠢，稍有处理不当，轻则影响日常工作，重则使人际关系受损，更甚则会导致身心疾病的侵袭。真正健康、有活力的人，是和自己的情绪感觉充分在一起的人，是不会担心自己一旦情绪失控会影响到生活和他人的人，因为，他们懂得驾驭、协调和管理自己的情绪，让情绪为自己服务。

炎热的夏天，在英国一个教堂里，牧师正在那里布道。但由于长时间的布道和闷热的原因，许多教徒开始变得昏昏欲睡，有些人甚至开始焦躁不安。这些人中，只有一位绅士，他腰背挺直，看上去精神抖擞，兴致勃勃，专注地坐在那里听着牧师讲道。

终于，布道结束了。大家走出教堂后，有人问那位唯一安静听布道的绅士："先生，每个人不是打瞌睡就是低声抱怨，为什么你还能听得那么认真呢？"

绅士微笑着说："老实说，我也很想打瞌睡。可我忽然想到，我为什么不用它来试试自己的耐性呢？我要学会控制自己的情绪。事实证明，我的耐性非常好，我对自己的情绪也控制得很好。我想，以这种心态去面对生活中的各种困难，还有什么不能解决呢？"

这位绅士就是后来鼎鼎有名的英国首相格莱斯顿。

一个情绪失控的人，不可能对事物的认识有更全面、更准确的见解，更不可能让自己理智地面对生活中的种种考验，以及有效地利用自我控制的伟大力量。

著名的心理学家弗洛伊德曾说："很多人因为情绪失控而失去朋友，也有很多人因为情绪低落而引发疾病。不良的情绪是人们事业和健康的大敌。为了生活和生命的健康，每个人必须学会控制情绪。"

情绪是人对事物的一种表面的、直接的、感性的情感反应。它往往只从维护情感主体的自尊和利益出发，不对事物做复杂、深远的考虑，这样的话，很容易使自己处于不利的位置或为他人所利用。

生活中有欢乐也有忧伤，有的人经常看到欢乐的一面，由此而感到生活的主旋律是美好的；有的人却总是看到忧伤的一面，当然会生活得很不开心。其实，开不开心，全在自己，在于能否掌控自己的情绪，做情绪的主人。只有学会操纵自己的"情绪转换器"，才可以掌握自己的快乐。

不要和自己较劲，才可以更快乐

　　人最大的敌人是谁？是自己。其实，谁也无法将你打倒，能打倒你的只有你自己。自己把自己说服了，是一种理智的胜利；自己被自己感动了，是一种心灵的升华；自己把自己征服了，是一种人生的成熟。可以说，凡是说服了，感动了，征服了自己的人，就有力量去征服一切挫折、痛苦和不幸。所以，要做自己情绪的主人，就要学会不和自己较劲。

　　下雨了，有三个路人躲在一个尚未拆完的老房子里避雨。雨一直不停，三人就在房子里到处转悠。这时候，他们都注意到同样的一个情景：一只蜘蛛在墙上爬，爬着爬着，前面有一块淋湿了的雨迹，蜘蛛一爬到潮湿的地方就掉下来了，然后又从墙角开始爬，再爬到那个有雨迹的地方又掉下来。如此一遍一遍，周而复始。三个人看到这个场景，都联想到了自己的生活。

第一个人想：我看到这只蜘蛛，就像见到了自己。我就像这只蜘蛛，一生就这样爬上去再掉下来，一直周而复始地做着徒劳的努力。

第二个人想：这只蜘蛛真是笨，不会换个地方爬，或者绕过那片雨迹吗？其实人也是这样，我们只看到眼前，以为只有一条路，其实潮湿的那一片地方并不大。所以我以后要多看看四周，因为有时候，人生需要绕路走。

第三个人看到蜘蛛后，被深深地感动了：一只蜘蛛都能这样不屈不挠，那一个人这一辈子应该有多少能量可以激发？有多少奇迹可以出现？这一切，都酝酿在自己的生命之中。

三百六十行，行行出状元。或者说，条条大路通罗马，为什么只选择眼前那条可能并不好走的路呢？

要知道，成功从来不是你一直坚持不放弃就可以了，如果选错了路，那就永远无法到达成功的彼岸。只有学会变通，学会说服自己，才能获得胜利。

人生在世，有的人平平凡凡，但每天快乐无比；有的人事业辉煌，每天却愁眉不展。每个人都有自己的人生定位，平凡的人虽然没有太多的财富和权势，但他觉得现实安稳，岁月静好，所以快乐；事业辉煌的人，想到还有比自己更成功的人，或者想想不成器的孩子，就愁眉不展。而后者，就属于和自己较劲的人。所以，请不要和自己较劲，这样，才可以更快乐一些。

很久以前，有个人叫爱地巴，每当他生气，想和人发生争执的时候，就以很快的速度跑回家去，绕着自己的房子和土地跑三圈，然后坐在田地边喘气。爱地巴勤劳努力，辛苦劳作，他的房子越来越大，土地也越来越多。唯一不变的是，只要与人争论生气，他还是会绕着房子和土地绕三圈。

他为什么要这么做呢？很多人都想知道，可是爱地巴不肯说。后来，爱地巴老了，他的房子和地已经太多了，他再生气时，已经无法再跑起来。但他还是会拄着拐杖艰难地绕着土地和房子。

一天，爱地巴最疼爱的孙子轻声地问他："阿公，您的年纪这么大，这附近地区没有人的土地比您的更多，可为什么您一生气就要绕着土地跑上三圈呢？"

爱地巴非常疼爱这个小孙子，于是便说出了隐藏在心中多年的秘密。他说："年轻时，爷爷一和人吵架生气，就绕着房地跑三圈，边跑边想：'我的房子这么小，土地这么小，我哪有时间，哪有资格去跟人家生气？'一想到这里，气就消了，于是就把所有的时间都用来努力工作。"

小孙子又问："可是阿公已经老了，而且是镇上最富有的人，为什么还要绕着房地跑呢？”

爱地巴笑着摸摸小孙子的头说：“我现在还是会生气，生气时绕着房地走三圈，边走边想：‘我的房子这么大，土地这么多，我又何必跟人计较？这不是和自己较劲吗？’一想到这里，爷爷的气就全消了。”

每个人都有很多的奢望，但如果不掂量自己的目标是否现实，一味追求过高过虚的目标，岂不是和能力较劲，到头来没有实现，反而会自卑失落。所以，想开一点，退一步想，也许一切就真的不一样。

人不可能什么都得到，所以要学会放下

巴尔扎克说，在人生的大风浪中，我们常常要学船长的样子，在狂风暴雨之下把笨重的货物扔掉，以减轻船的重量。

的确，我们常说要拿得起，放得下。拿得起是一种强者的心态，是永不满足的积极上进。什么都不想放下的人，往往会失去更珍贵的东西。人不可能什么都得到，所以要学会放下。而在付诸行动时，"拿得起"容易，"放得下"却难。

所谓"放得下"，是指心理状态，就算是遇到"千斤重担"，也能把心理上的重压卸掉，使之轻松自如。就算有数不尽的财富，也不要整日为它奔波，使自己劳累。要想多一些愉悦，少一些重压，就要拿得起，更要放得下，不顺心的事让它过去，不必放在心上，这样才能重拾快乐。

在人生的道路上，很多时候都是得中有失，失中有得。在得与失之间，我们无须不停地徘徊，更不必痛苦地挣扎，应该用一颗平常心来看待生活中的得与失，心里要清楚对自己来说什么是最重要的，然后主动放下那些可有可无、没有意义的东西，求得生命中最有价值、最珍贵的所在。

对世间的每一个人来说，功名、利禄、荣辱、爱恨、成败、祸福……我们不能否认这一切存在于自己心中，它们是个人自我超越的一种原动力，但是，人一旦执着于此，就会为自己的前进路上增加一个沉重的包袱。所以，该放下的时候，就不要犹豫，而要坦然地放下。

一个年轻人很苦恼，他就背上一个大包裹去远方寻找幸福。历经千辛万苦，他来到一条波浪汹涌的大河前。河上没有桥，却有一位白发老人答应驾独木舟载他过河。老人问年轻人要去哪里，年轻人伤心地说要去寻找幸福。

"原来是这样啊！那你把这个破包裹丢到河里，然后再去寻找。"老人对年轻人说。

"这可不行，包裹里面是我一路跋涉中黑夜里的寂寞、跌倒时的痛苦、受伤后的泪水，靠着它们的陪伴，我才走到这里。"说话间，年轻人紧紧地抱着自己的包裹。

老人没再说什么，只是在过河之后让年轻人把自己也放进包裹里。

"什么？"年轻人以为自己听错了。

"既然你什么都放不下，那我也帮助你过了这条大河，你应该把我也带上。"老人解释道。

此刻，年轻人恍然大悟。扔下装满痛苦回忆的包裹，顿时，他感到步履无比的轻松。更不可思议的是，他的心底涌出了一种幸福的感觉。原来，只要能够放下痛苦，就会体味到幸福的所在。

人生就是一次旅行，在前行的途中，会看到各种风景，如果把走过、看过的都牢记心上，就会给自己增加很多额外的包袱。经历越丰富，压力就越多，还不如一路走来一路忘记，永远保持轻装前进。

很多时候我们自己也明白，要是放下了就轻松了，但就是放不下，那是因为我们抓着太多的"执着"，岂是想放就可以放得下的。如果一个人真能够做到"拿得起，放得下"，那就真正称得上是活得轻松、幸福了。所以，我们应该学会"放下"，做一个没有任何心情负担的人。

得到了春天，就失去了冬天；得到了成熟，就失去了天真；得到了太阳，就失去了月亮；得到了繁华，就失去了宁静。世界是公平的，它赐予你一样东西，就会从你身边拿走另外一样。只有真正领会了得与失、拿起与放下的真谛，才可以生活得更加快乐。

　　拿得起是勇气，放得下是超脱，一个人背负太重的行囊走在人生的大路上，结果只能是疲于奔命，忽略了生活的美丽。放下，你就可以轻装前行；放下，你就可以摆脱苦恼；放下，就会沉浸在轻松悠闲的宁静之中。

挫折没什么大不了

生活永远不可能是一条直线，有时，难免要遭遇坑坑洼洼，曲曲折折。多一条弯路，我们就会多一份生活的体会，就会多一份人生的智慧。因为，挫折也是一种不可或缺的人生体验。

生活就像一道大餐，充满酸甜苦辣各种味道。在生活这道大餐里，挫折也是不能缺少的菜肴，缺少挫折的人生是不完美的，因为挫折也是一笔财富。

李·亚科卡的一生充满着挫折与坎坷。工作了一段时间后，他选择了做推销员，开始了艰辛的经营生涯。

亚科卡努力工作，终于在福特公司获得了晋升的机会。可是，好日子没过多久，20世纪50年代初期美国经济的不景气便影响到了公司。公司大批减员，亚科卡又重新做起推销员的工作。

后来，亚科卡凭着自己的努力，当上了费城地区的助理销售经理。与公司共患难度过了几年后，福特公司决定把主要精力放在汽车的安全设备上。亚科卡是这次改革的主要发起者，但是，这次亚科卡失败了，他遭受了沉重的打击。

但失败并没有影响到亚科卡积极创新的精神，他越挫越勇，又组织开发"野马"车，创造了汽车销售史上的奇迹，亚科卡也因此被称为"野马之父"。

正当亚科卡在福特的业绩越来越辉煌时，他受到了亨利·福特二世的排挤，被解雇了。不仅如此，由于受亨利的威胁，朋友们也不敢和他来往，这位汽车奇才和他的全家都陷入了极大的痛苦之中。

但亚科卡并没有向命运屈服，他决心再次寻找施展才华的机会，接受了濒临破产的克莱斯勒公司的聘请，担任总裁。经过几年的拼搏，克莱斯勒公司走出了困境，一年便盈利几十亿美元。

亚科卡在面对各种挫折时，总能勇敢面对，想办法克服。在一次次克服困难、一次次起死回生之后，他创造出了一个个"神话"，最终走到了人生的辉煌巅峰。所以说，挫折也可以成为一种经历，一笔财富，还可能成为前进的动力。

美国国会议员谢里丹刚刚进入国会时，做了第一次演讲，著名记者伍德弗尔就对他下了这样一个断语："请原谅我坦率说出自己的看法，我觉得您不适合演讲，并奉劝您还是回去做您原来的职业。"

"不"，谢里丹手托着下巴，沉思片刻说："我觉得我很合适，以后你会看到的。"

后来，谢里丹不断学习演讲技巧，纠正自己的错误，终于使自己成了一名极富感染力的政治家。

正是谢里丹在国会的第一次演讲遭遇了挫折，才使他奋发图强，成为一名成功的政治家。无独有偶，美国的"玉米糊大王"斯泰雷的故事同样说明了挫折能使人奋进。

斯泰雷在年轻时，只是一家公司的售货员，虽然地位和薪水都很低，劳动强度也很重，但他心中有一个不灭的愿望，那就是要成为一个非凡的人。一天，他被经理狠狠地训斥了一顿："老实说，你这种人根本不配做生意，你徒有一身力气，却没有脑筋，我劝你还是到钢铁厂当工人去吧！"

一向小心谨慎、积极主动的他，自尊心被深深地伤害了，他当即答道："总经理先生，您当然有权利将我辞退，但却无法消磨我的意志。您说我没有用，这是你的权利，但这不会减损我的能力。看着吧，有一天我要开一家大你10倍的公司。"

果然，多年以后，他取得了惊人的成就，成了誉满全美的玉米糊大王。

是的，挫折是人生的一场宝贵经历，只有经历了挫折，对人生才能有更深的感悟。

小王是北京资深的品牌策划专家。他曾经的工作十分令人羡慕。可是，他却在大家的一片羡慕声中做出了一个大胆的决定：自费去留学。

他的行为让许多人不理解。当面对来自家人、同事、朋友的一片反对声音时，他说："我很欣赏《钢铁是怎样炼成的》里的一句话：'人的生命只有一次，当回顾往事的时候，不因虚度年华而悔恨，也不因碌碌无为而羞耻。'我就想寻找这样一种感觉。所以，我要在一个新的世界，建立一个新的起点。"

放弃了稳定生活的小王经历了留学生活的艰苦和清贫，为了能更好地生活和学习下去，小王需要比别人多付出一倍的努力。

站在今天的位置，小王回首往昔时，面带微笑地说："在国外的时候真的很穷，我记得是坐了七天七夜的火车过去的，吃的是方便面，整个人都变得浮肿……经历真的是最好的财富，我现在体会到了这笔无形的财富。"

　　的确，经历就是一笔财富，这笔财富是别人给不了的，也是其他人模仿不来的，更是固守在一个小天地里得不到的。而人生是由无数次经历的积累而逐步走向成熟的，只有不断经历，不断尝试，才能不断成熟，不断完善。单一意味着平庸和浅薄，多一份经历就会多一次磨炼，多一次积累经验的机会。

　　美国著名成功学专家卡耐基认为，在漫漫人生当中，我们可能会遭遇一些不如意的事情。也许每件事情都没有最差的情况，就看我们怎么去对待。要明白，这个世界总会有阴暗面，就像一缕阳光从天空照下来的时候，总有照不到的地方。如果我们的眼睛只盯在黑暗处，抱怨世界的黑暗，那么，我们将只会得到黑暗。

　　所以，面对挫折，我们应该积极乐观，正视挫折，在挫折中体会人生的真谛，让挫折成为人生的一笔宝贵财富。

知足常乐是保持幸福的秘诀

对于每个人来说，做事都要学会适可而止，不要贪得无厌，否则，无尽的贪欲最终会毁掉自己。要知道，贪欲与烦恼和失败是成正比的，知足常乐才是保持幸福的秘诀。

一场突如其来的暴雪把一辆客车困住，客车斜斜地摔到了一条山路下，几乎看不到踪影。车上的乘客都是去某地旅游的。幸运的是，旅客中只有两个人受了点轻伤。因为路况非常不好，几个小时后，救援人员还是没有到来，旅客中有些人开始烦躁了。导游小姐劝说大家不要着急，并把自己带的面包分给大家解饿。因为人数太多，导游小姐就把面包分为两半，一人半块面包。

导游小姐的热心很快引起了大家不同的反应。感恩而乐观的人说："嗯，至少我还有半块面包，可以等到救援的人来救我。"悲观的人却说："只有半块面包，我真是太可怜了。"

面包虽然只有半块，却从中折射出不同的思维方式：悲观的人在哀叹，乐观的人在庆幸。其实，这都是人的欲念在作怪——具有贪恋的人总是希望自己能够拥有更多的东西，不管是财富还是权势。没有贪恋的人总会珍惜现有的一切，懂得知足常乐。

老子说："罪莫大于可欲，祸莫大于不知足；咎莫大于欲得。故知足之足，常足矣。"后人从中提炼出"知足常乐"这个成语。知足常乐，是一种人生的境界，是生活的智慧，是寻求生命平衡的一种方式。知足常乐，是幸福的秘诀。

因为种种原因，苏格拉底的旧居要拆掉，他们要搬到五楼去住。朋友们帮他搬家时说五楼是顶层，搬起东西来颇为不便，他应该换一个低点的楼层。苏格拉底却说五楼好，可以免受底楼的潮湿之苦。

后来，苏格兰地又从五楼搬到了一楼，上次搬家的朋友又来搬家，说一楼的地面经常湿漉漉的。这位世界闻名的大哲学家又是爽朗一笑，说一楼好，可以免去搬东西的辛苦。

无论身处何种不利的情况下，他永远是满足的、快乐的、幸福的。这就是智者的思想。但世界上的大多数人，欲望一个接一个，永不满足。因为不满足，所以就不快乐，觉得不幸福。解决的办法就是，时时自我满足，知足常乐。要明白，贪欲多了，反而会感到悲哀和不幸，所以凡事都要有个度，适可而止。

平安是福，健康是福，只要家庭和睦，快乐地过完每一天，何尝不是幸福呢？平凡人过着平凡的生活，怀着一颗平常的心，能快乐地对待每一件平凡事，这就是不平凡。只有知足，人生才会常乐。

学会中庸之道，尝试简约生活

在现代社会，很多年轻人认为，成功的生活方式就是高消费，就应该进高档的交际场所，就应该住豪华的房子。似乎已经忘记了简约生活的快乐，只知道追求奢华的享受。

然而，过度地追求精致、华贵的生活反倒会让人陷于无尽的痛苦当中，却不知简约才是生活的真谛。但也有一些人能够独善其身，在物欲横流的社会中发现简约生活的美好。

沙宣看到很多贵族妇女早上起来弄头发要弄一个多小时，把烦琐的头发造型当作美来追求，觉得不可思议。沙宣认为，简单的、能表现个人性格的发型才是美的。于是他开了一个小小的理发店，按他的理念来给顾客设计发型，很快引来无数的追捧者。很多理发师都采纳了沙宣的风格，最后，简朴的发型成为世界潮流，"沙宣"也逐渐变成一个理发、护发用品的世界品牌。

宜家创始人看到昂贵的成套家具让多数家庭望而却步，便发明了用材简朴，可以自由组合、自己组装的家具系列，最终风行全球，成为超级连锁家具企业。还有很多案例可以证明，简约之美比奢华之美拥有更多的欣赏者和追求者。

梭罗曾说过："我们的生命不应该掷于琐碎之中，而应该尽量简单，尽量快乐。"

艾迪是一位很成功的商人，他想要更大地扩展商业版图，把生意做到太平洋的西边去。可就在前往西岸的考察途中，他和他的同事突遇灾祸，被困在太平洋中，毫无希望地在大海中漂流了21天，最后才获救。

这次事件后，艾迪好像变了一个人，他缩减了自己贸易公司的业务，开办了一家养老院，每天和老人在太阳底下喝咖啡、聊天、唱歌、下棋……笑声不断。

当有人问他为什么这样做时，他回答说："我从那次海上遇难的事件中学到了最重要的一课，那就是，如果你有足够的新鲜水可以喝，有足够的食物可以吃，就不要再奢求任何事情。"

在不停奔跑的你，是不是有时候也要停下追赶的脚步，环顾一下四周呢？其实，我们身边的每个角落里都躲藏着真实而美好的生活，只要用心去体会，就能感受到快乐。一味地追赶并不代表就能拥有一切，拥有一切也不代表就一定会幸福。

　　对于每个人而言，人生不应当永不知足，也不应当排得太满。太满便没有空间去享受生活，会让心灵衰老得更快。过简单的生活，主动摒弃一些东西是成熟的表现，那是因为我们知道自己要什么而不要什么。在适当的时候，我们应该尝试中庸之道，过上简约生活。还原生活的本真，真实体验生活中的自由、轻松和属于生命自身的意义。有节奏地适当放慢脚步，给生活多做减法，生活才会从容，身心才会舒畅。或许，这样的简约生活才能让我们体会到生命的真谛，实现快乐的生活。

　　有人说，简约的平淡，如一幅动人的水墨画，底色是淡的、浅的黑，一底子的水墨中却有天蓝的一抹，那是跳动的亮色。

　　简约的平淡，如一幅淡淡的素描图，淡淡的几笔黑色线条，勾勒出的却是浅浅的脸、美丽的眼，那是纸上呼之欲出的生动。

　　在这个充满着种种压力与浮躁的现代都市丛林中，请试着学会中庸之道，尝试简约生活吧。

如果过分求同，就可能失去创造力

美国心理学家所罗门·阿希设计过一个实验：他请了几个大学生自愿做他的实验对象。还有其他5个人是事先串通好了的假试者，即我们俗称的"托儿"。

阿希要大家做一个非常容易的判断——比较线段的长度。他拿出一张画有一条竖线的卡片，然后比较这条线和另一张卡片上的3条线中的哪条线一样长。判断共进行了18次，但在两次正常判断之后，5个假试者故意异口同声地说出一个错误答案。

结果，有76%的人至少作了一次从众的判断。当然，还有24%的人一直没有从众，他们是按照自己的正确判断来回答。

这就是所谓的"从众心理"。在现实生活中，要使一个人相信并坚持自己的判断并不容易，因为每个人的内心深处都没有足够的安全感，所以我们要寻求认同。可是，如果过分求同，就可能使我们失去创造力。

有人调查闯红灯，发现了一个有趣的现象：在十字路口，当对面的红灯亮起时，有一位行人立即停止了前行的脚步。但当另一个行人若无其事地从他身边走过去时，也许犹豫了一下，也许根本没有犹豫，他也会立即紧紧跟上，然后，更多的人也会对红灯视而不见，心安理得地穿过马路。这也是人的从众心理在起作用。

由从众心理而引发出的现象，几乎每个人都会在一定的场合自觉或不自觉地表现出来。比如一般的人参加会议，总是习惯性地坐在后面，似乎约定俗成前面一排就是领导或重要角色才能去坐。于是在很多时候，主持会议的人不得不下令最后几排的人统统坐到前面来，否则会议室稀稀拉拉不像样子。还有我们常常会在街头看到一群人围在一起，于是也耐不住好奇心去瞧瞧热闹，结果人越围越多。实际上，可能只是有人摔了一跤，爬起来继续走路就是了，却遭来围观、堵塞交通。

从众心理是一种随大流、不喜独立思考、盲目跟从的心态。具体到行为上，就是人云亦云、人为亦为。应该说，在多数情况下，这种心理要么是不自信的表露，要么是自私自利的表露，是不需要、不健康甚至是相当有害的。

我们可以毫不夸张地说，社会上的许多不文明现象，之所以根治不了，除了法律因素，最主要的就在于人们受从众心理的影响——他人做得，我为何做不得？

对每个人来说，都不要盲目地试图从顺从对方的角度影响对方。因为，任何人都不想听从普通人的指挥以及顺从普通人做事情，而是喜欢听从有权威的"专家"或"专业"人士的建议、观点及做法。

所以，在生活当中，人们会习惯性地效仿他人，进而失去了自我。从影响力的角度讲，当一个人失去自我的时候，也便不能更好地影响他人。只有拥有自我，才能征服自己，影响自己，进而更有效地影响他人。所以，当你试图影响他人成为自己的跟随者时，首先要成为自己的跟随者。身为著名指挥家的小泽征尔，便曾用这样的方式有效地影响了评委。

日本著名指挥家小泽征尔，一次去欧洲参加指挥大赛。他一路过关斩将，最终进入了前三甲的争夺中。在决赛中，评委交给他一张乐谱，让他按照乐谱演奏。当他指挥到一半的时候，突然发现乐曲中出现了不和谐的地方。他以为是演奏家演奏错了，便临时指挥乐队停下来，重新演奏一次，结果他发现仍然有不和谐的地方。

小泽征尔向评委提出了疑问。这时，在场的权威且知名的评委郑重其事地告诉他，乐谱没有问题，是他的错觉，让他继续演奏，不用在乎这么多。面对众多国际知名的音乐权威人士，他一度怀疑过自己的判断，但考虑再三后，他仍然坚信自己的判断是正确的。于是，他大声地对评委说："不，一定是乐谱错了！"

话音刚落，评委们立即向他报以热烈的掌声，并郑重地宣布他在此次大赛中夺魁。事实上，这是评委们精心设计的"圈套"，他们的主要目的是要考察指挥家们在发现错误后能否坚信自己的判断。

心理学上认为，如果人们太轻易进行从众行为，那么势必不会更好地向他人施加影响，因为几乎没有人会对一个人所共知的道理产生兴趣。所以，过分的从众能够扼杀个人的独立意识和判断力。当一个人没有自己独特的思想、意见、观点时，又能拿什么去影响他人呢？

不过，从众心理也不能一概而论，有的时候还是有其积极的一面。比如我们到一个新单位去工作，任何一个单位都会有其特定的工作氛围、运转秩序和人际关系，有些事情不会明白地告诉你该怎么做怎么说，但你却得"入乡随俗"，主动适应，否则难免归入"另类"，处处碰壁。

所以，我们应该学会独立思考，自主判断，做出合理的行为选择，摆脱"从众心理"的影响。有的时候，我们也要发挥"从众心理"中的积极因素，在为人处事时符合大多数人的需要和利益，在合作中获得更好的发展。